大是文化

大是文化

カラダを大切にしたくなる
人体図鑑 知っておきたい96のしくみとはたらき

看得見的人體結構

你吃喝拉撒睡走跑跳時，
96個身體器官如何運作？讓你一看就懂，
從此好好愛自己。

日本知名醫學博士、常葉大學教授
竹內修二 ◎著　羅淑慧 ◎譯

1 腹部──人一天分泌一．五公升膽汁胰液，肚子裡發生了什麼事？

2 骨盆部——脊柱彎了，所以站直了，胸腔、骨盆腔變大了

3 胸部——你休息，他們一輩子不可休息

4 頭、臉和頸部——有些使用說明你以前不知道

5 四肢——看了解剖圖，方知暖身多重要

6 一張圖，秒懂人體十種系統

推薦序

保持全方位健康狀態，不能只訴求無疾病

國立清華大學體育學系教授／林貴福

身體的健康（Health），是確保生活品質與國家整體發展的基礎條件。狹義的健康，單指生理層面無疾病與功能障礙等；廣義的健康，則包含多元的層面，如體適能、性生活、安全、壓力管理、健康檢查、排除心血管危險因子、藥物控制、癌症預防、精神狀態、均衡營養及健康教育等。簡言之，唯有遺傳基因、功能性、心智、健康潛能及身體活動等五個層面的良好適應，才能成就個人全方位的健康狀態（Wellness）。

保持身體全方位的健康狀態，絕對是現代人必要的條件，不能只訴求沒有疾病。

生命起源於能自我複製的有機分子，且不斷演化、突變及複製。而人們的身體，是由分子組成細胞，集結細胞形成組織，再由組織串連成系統，最後由系統間調節發展出身體功能，讓我們得以能靜能動。在細胞不斷凋亡、轉化及複製的過程中，身體雖歷經快速成長的發育期、生理功能成熟的茁壯期，以及功能逐漸退化的老化期，卻也始終以其極為精

密的構造及恆定狀態的調節，度過每一天。

因此對於每天得以順利完成日常生活的身體，我們應該要有更深的認識，甚至透過大量的學習，了解人體各生理系統運作，以獲致璀璨人生，延長身體運作的健康年限。

竹內修二是日本知名的醫學博士，對人體解剖生理有深入的研究。《看得見的人體結構》一書，將身體分成六大部分，分別陳述腹部、骨盆腔、胸腔、頭頸部及四肢等的解剖構造；再以第六章說明人體十大生理系統的功能。作者將人體的專業知識，以極平白直述的問答方式，佐以清晰易懂的圖示，讓讀者看得見人體結構，並詮釋人體生理功能，釐清日常生活常見的疑慮問題，是一本相當生活化的好書，絕對不同於坊間艱澀難懂的人體解剖生理學專書。

此外，本書附有參考文獻，多數為竹內修二博士的教學教材，對有興趣進一步研讀人體細部結構的人來說，可以很方便取得相關資料，值得重視健康、健身、醫療及護理者所擁有。

前言

人體還沒進化到完美，圖解說明後你更愛自己

過去人們以存活的壽命長度，作為平均壽命，而現代人漸漸有了健康壽命的概念，意思是不需要仰賴醫療或照護，能夠靠自己的身心維持生命，並獨立生活。可是，大家對身體又了解多少？

石川啄木的短歌〈一握之砂〉有一段歌詞是，「再怎麼努力工作……也不會變得輕鬆，動也不動的緊盯雙手。」人的手掌有許多線條，有人認為「因為辛苦勞累，才會有這麼多線」，其實並非如此。

就像摺紙，只要先摺出線狀，就可以沿著溝痕，摺出漂亮的作品。當你稍微握拳，就可以清楚看到手掌上的線條；彎手指，就能看到內側關節部位的溝痕，這些線條都是為了能讓皮膚可以順利彎折。

此外，彎折的反方向會呈現突出。像穿剛洗好、沒有皺褶的衣服，你覺得有點緊繃。可是，當你活動膝蓋或手肘後，布料會被撐開，伸直之後，被撐開的布料會變鬆，而彎曲

處的布料會產生皺褶。所以之後活動關節時，你就不會覺得衣服很緊。

皮膚也有這種特性，當手指、手肘或膝蓋等彎折幅度較大的部位伸直時，皮膚摸起來柔軟；活動時，可看到皮膚伸展。皮膚會皺褶和變鬆，其實是人為了配合狀況的變化，進而演變成現在的樣貌。

也就是說，人體各個器官的形狀，都是為了配合相對應的功能。然而，有作用力就有反作用力。

腰是身體中樞，骨幹幫助人在站立時支撐身體，脊柱讓身體直立於地面。每一節椎骨承受不同重量，越往下的椎骨，會隨著力量加重而逐漸變大。一路來到腰部下方，有臀部骨幹、骶骨，接著是髖骨關節，最後是左右下肢。因此，腰部所承受的上半身力量會往左右兩側均分，骶骨下方朝向尾骨的部分會逐漸變小。

換句話說，在脊柱當中，腰部用來支撐身體。從生物進化的論點來看，長時間站立會腰痛、椎間盤疝脫（或椎間盤突出）等症狀，可說是用雙腳走路的人類，未完全進化的負面結構。

只要越了解人類的身體構造和功能，就越能理解其結構。如果能正確理解身體結構的負面影響，就可以注意日常運動和營養。我希望大家在讀完本書之後，能更了解並愛惜自己的身體。

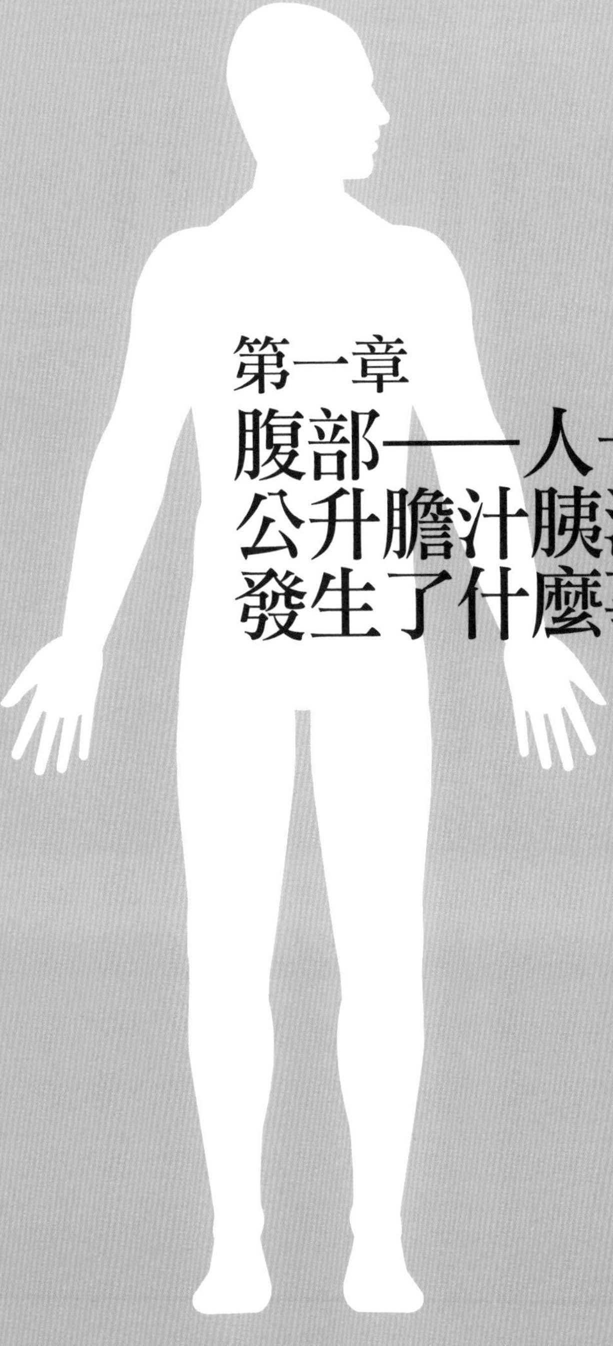

第一章
腹部——人一天分泌1.5公升膽汁胰液，肚子裡發生了什麼事？

1 晚餐太晚吃，你睡覺胃可徹夜未眠

1. 人家說胃會破洞，是真的破洞嗎？

這種症狀稱為**胃穿孔**。患有慢性胃炎者在空腹時，心窩附近會疼痛，有時會有腹脹感、消化不良。患者出現這些症狀，是因胃感染幽門螺旋桿菌、慢性壓力或飲食過量等造成。

慢性胃炎一旦惡化，就會演變成胃潰瘍，導致胃黏膜或胃壁受損，進而產生破洞，這種症狀稱為胃穿孔。若置之不理，胃中的內容物就會從破洞流進腹腔，併發**腹膜炎**，嚴重的話，甚至可能死亡。

2. 胃壁有幾層？

胃壁由三層組織構成。和食物直接接觸的內層，是從口腔黏膜持續延伸的黏膜。胃

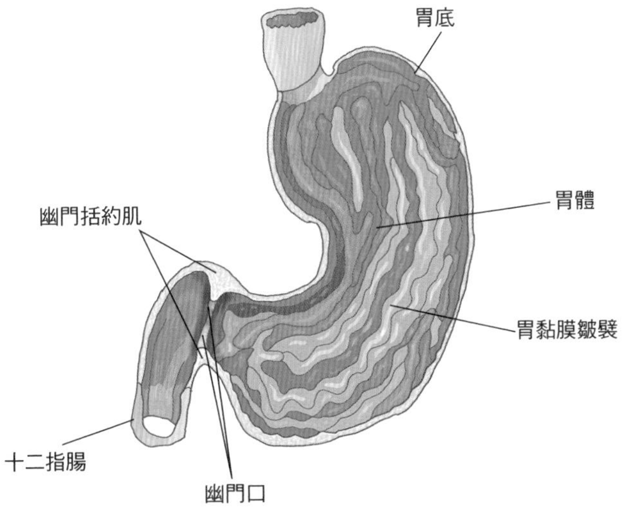

圖1-1　胃黏膜為了能進一步膨脹而形成皺襞

胃夾在食道和十二指腸之間，膨脹成囊袋狀，是讓食物暫時停留，用來消化食物的器官。

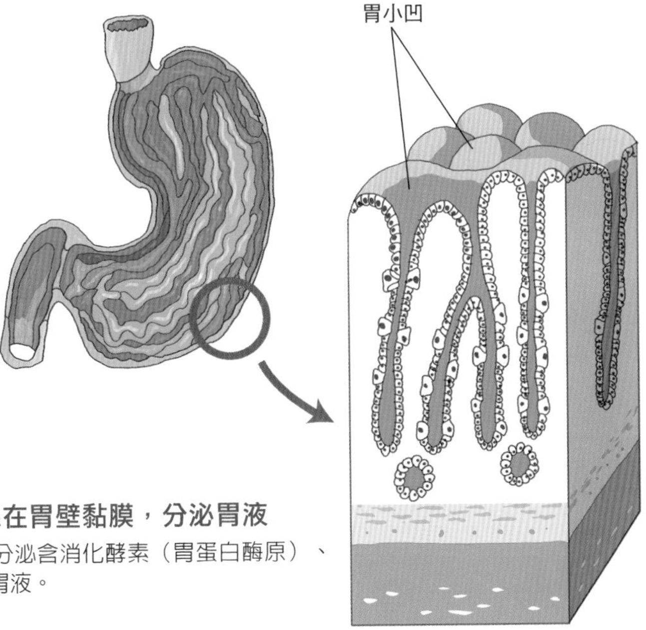

圖1-2　胃腺在胃壁黏膜，分泌胃液

胃腺的細胞會分泌含消化酵素（胃蛋白酶原）、胃酸和黏液的胃液。

黏膜上面有許多縱向的皺褶（見上頁圖1-1），皺褶之間有被稱為胃小凹的窟窿，裡面有分泌胃液的胃腺（見上頁圖1-2）。

中層是平滑肌層，由內斜走肌、中環走肌、外縱走肌三層肌肉組織構成（見圖1-3）。胃部出口（幽門）的環走肌相當發達，構成閥門作用的幽門括約肌（幽門瓣）。

最外層由漿膜構成，和腸子外層的漿膜相連，構成腹膜。構成腹腔內壁的腹膜（壁腹膜）也是相同的漿膜，而胃和腸子外層的漿膜稱為內臟腹膜。

3. 為什麼胃壁不會被消化？

在胃的肌肉反覆翻攪食物的同時，胃液會消化食物。**雖然吃進肚裡的食物含有細菌等有害物質**，不過胃液成分之一的**胃酸（鹽酸）**，**會進行殺菌和無毒化**。胃液含有胃蛋白酶原，能進行化學性消化，當它碰到胃酸後，會轉變成胃蛋白酶，能**分解蛋白質**。胃蛋白酶或胃酸會破壞蛋白質構成的胃壁，胃酸過多則會引發胃炎。

為了保護胃壁，胃腺會分泌黏液在胃液裡，讓黏液遍布在黏膜上面，藉此形成保護胃壁的黏膜屏障。

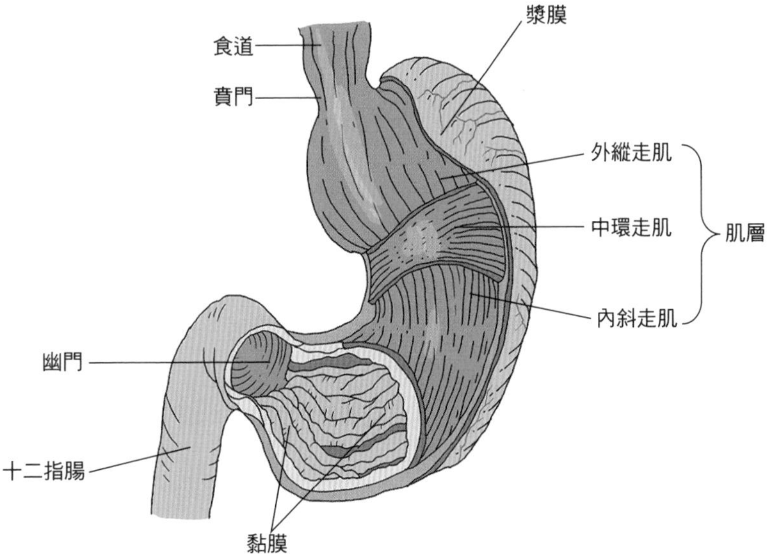

圖1-3　構成胃壁的3層構造

內層是皺褶構成的黏膜層，中層是肌層，肌纖維進一步分成3層，外側則是構成腹膜的漿膜。

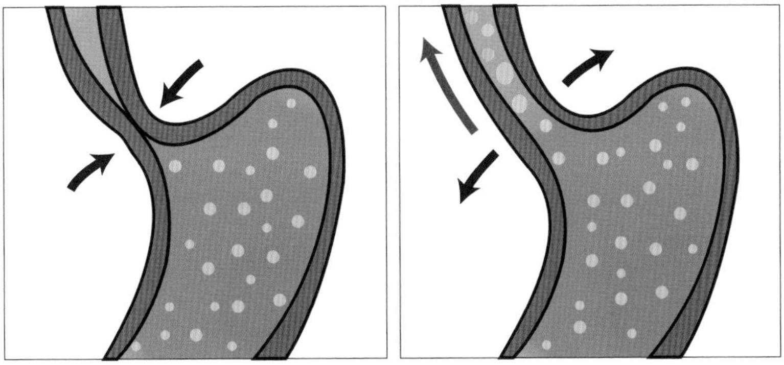

圖1-4　入口一旦鬆弛，胃的內容物就會逆流到食道

胃入口（賁門）的環走肌一旦鬆弛，就無法封閉胃的入口，胃的內容物就會逆流到食道。

4. 逆流性食道炎——為什麼逆流?

食物經食道移動到胃裡，當胃的內容物逆流到食道時，其內容物含有的胃酸（pH1，強酸）會導致食道發炎，此種疾病就是逆流性食道炎，會出現胃灼熱、打嗝等不適症狀。

食物靠構成消化道壁的肌肉收縮來移動。所謂的蠕動運動，是指食道和胃部的環走肌收縮後，會封閉移動食物的通道，同時把內容物往下推。接著，肌肉會放鬆、擴寬通道，並且收縮內容物後面的環走肌，繼續把內容物往前推。**胃入口（賁門）的環走肌如果呈現鬆弛狀態，就無法封閉胃的入口，會導致胃的內容物逆流**（見上頁圖1-4）。

5. 胃也有括約肌?

聽到括約肌，大部分的人都會聯想到肛門括約肌。隨著社會的高齡化，越來越多患者會大便失禁，因而有了訓練收縮肛門括約肌的治療方式。

消化道壁有環走肌和縱走肌兩種肌肉，環走肌發達的肌肉就稱為括約肌。肛門括約肌用來收縮消化道出口（肛門），以防止排泄物漏出。

其實括約肌也具有防止逆流的閥門作用。**經胃酸加以酸性化的食物，會在十二指腸**

被胰液中和，如果食物經中和後回到胃裡，就會再次因胃酸而變成酸性。因此，為了預防食物從十二指腸逆流回胃裡，胃的出口（幽門）才會有括約肌、幽門括約肌（見下頁圖1-5）。

6. 為什麼吃油膩食物，胃會消化不良？

食物吃進肚裡到排便的時間，大約需要二十四至七十二小時；在嘴裡咀嚼，然後吞嚥經過食道，大約要數十秒至一分鐘，其實咀嚼的時間花費越久，之後的消化、吸收都會比較好。

食物抵達胃部之後，會在胃裡停留約三至五小時，並透過蠕動運動及攪拌運動，和胃液加以混合。當食物呈現粥狀之後，會被送到十二指腸。食物在胃裡的停留時間，因食物所含的營養素差異而有不同：麵包、米飯等醣類大約是二至三小時；肉類或大豆等蛋白質是四至五小時；天婦羅或火鍋等**脂肪較多的食物，則會停留七至八小時**（見下頁圖1-6）。吃油膩食物會導致消化不良，就是因為如此。

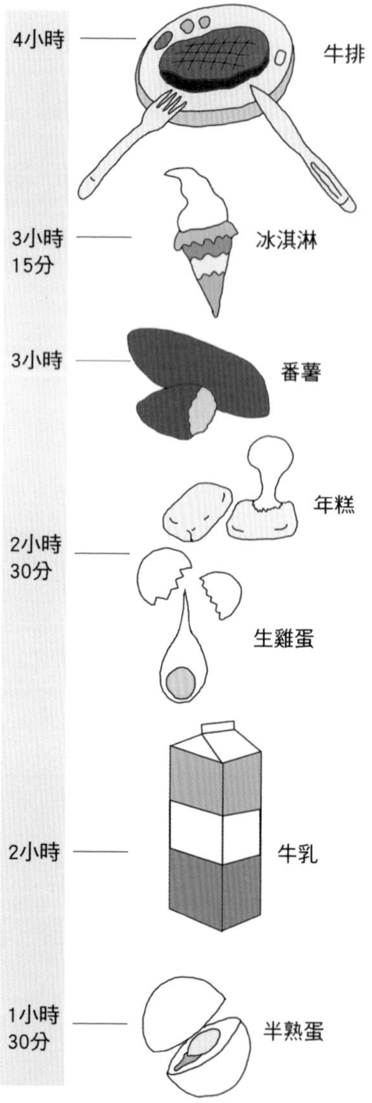
4小時
牛排
3小時15分
冰淇淋
3小時
番薯
年糕
2小時30分
生雞蛋
2小時
牛乳
1小時30分
半熟蛋

圖1-6　食物在胃裡的停留時間各不相同

油膩食物的停留時間較長，烏龍麵、麵包的停留時間較短，所以比較沒有飽足感。

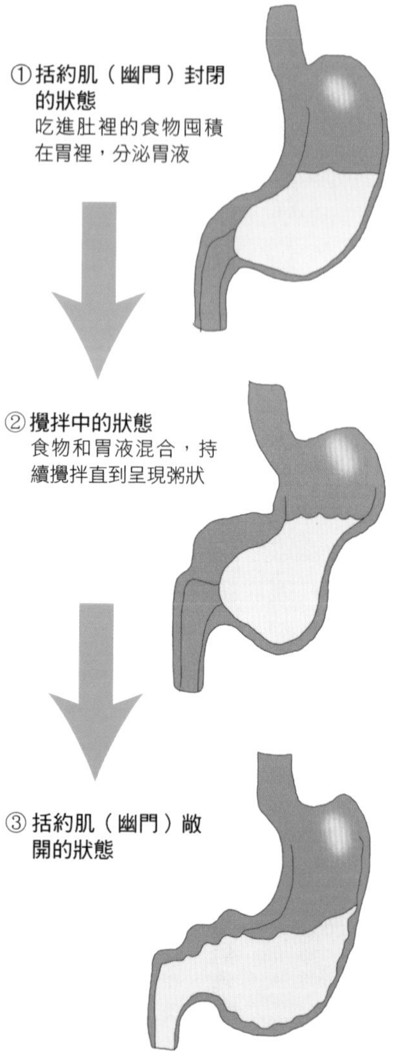
①括約肌（幽門）封閉的狀態
吃進肚裡的食物囤積在胃裡，分泌胃液
②攪拌中的狀態
食物和胃液混合，持續攪拌直到呈現粥狀
③括約肌（幽門）敞開的狀態

圖1-5　把食物囤積在胃裡，堵住出口的括約肌

食物囤積在胃裡消化時，位在胃部出口（幽門）的括約肌會再將胃的出口堵住。

2 肝功能，看臉看眼看小便，也看酒量

1. 膽汁不是膽製造

很多人以為是膽汁是從膽囊來的，事實上是肝臟製造的。膽囊是囊袋，不是分泌腺。肝臟分泌出的膽汁會運送到膽囊，而膽囊是負責貯藏、濃縮膽汁的器官（見第二十一頁圖1-7）。

肝臟被稱為身體的化學工廠或倉庫，具有各種不同的功能，其中也包括製造膽汁的分泌腺功能。膽汁會被運送到十二指腸當作消化液，雖然膽汁不含消化酵素，可是，其主成分**膽汁酸能把脂肪乳化成小滴，使脂肪更容易分解、消化**。

另外，膽汁成分中的膽色素，是紅血球破壞而產生的尿膽紅素，這就**是糞便呈現黃色的原因**。

2. 進出肝臟的四種管

肝臟是分泌膽汁的外分泌腺，而進出肝臟的四種管（見圖1-8），包括運送膽汁的肝管（位在右葉和左葉）、固有肝動脈（負責輸入必要氧氣和營養等物質）、肝靜脈（輸出代謝後產生的二氧化碳及廢棄物質），還有門脈（見第二十二頁圖1-10）。

肝臟具有讓營養產生變化的代謝功能，還能**將有害物質解毒或無毒化**。經消化的營養或有害物質，會被胃壁及腸壁的微血管吸收。那些物質在微血管聚集後，會透過靜脈從胃部或腸子排出，再進一步聚集到門脈，最後將營養或有害物質運送到肝臟。

3. 酒量好的人是因為肝功能比較好？

肝臟能解毒、排泄從飲食攝取的有毒物質。酒類所含的乙醇也會經由門脈運送至肝臟，並透過肝細胞進行分解。

乙醇會在肝臟被轉換成乙醛，肝細胞裡面名為乙醛脫氫酶（ＡＬＤＨ）的乙醛分解酵素，會把乙醛分解成醋酸。分解完成的醋酸不會傷害身體，但**乙醛具有毒性，會使人爛醉或宿醉**。

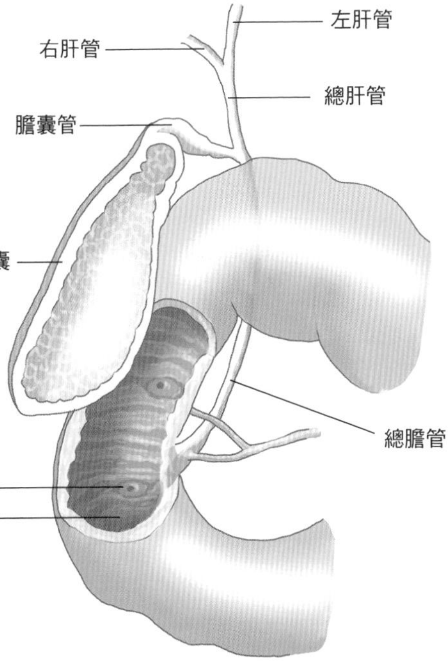

圖1-7　膽囊呈囊袋狀，具有濃縮膽汁的功能

肝臟製造出的膽汁會從總肝管流入膽囊之間的膽囊管，再經由總膽管，運送到十二指腸。

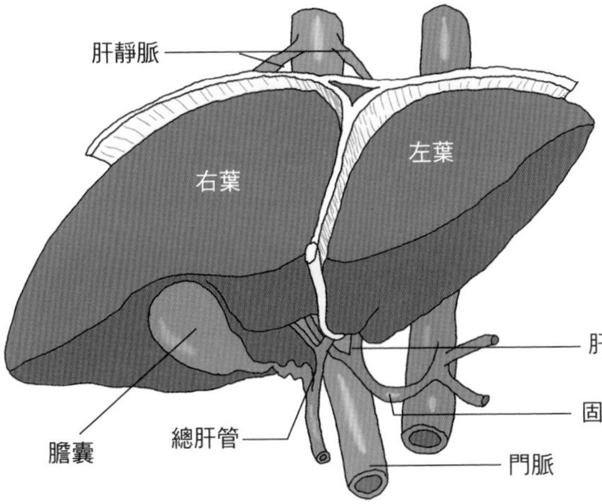

圖1-8　進出肝臟的 4 種管

從肝門進出的固有肝動脈、門脈，還有肝管，肝臟上方則有連接著下腔靜脈的肝靜脈。

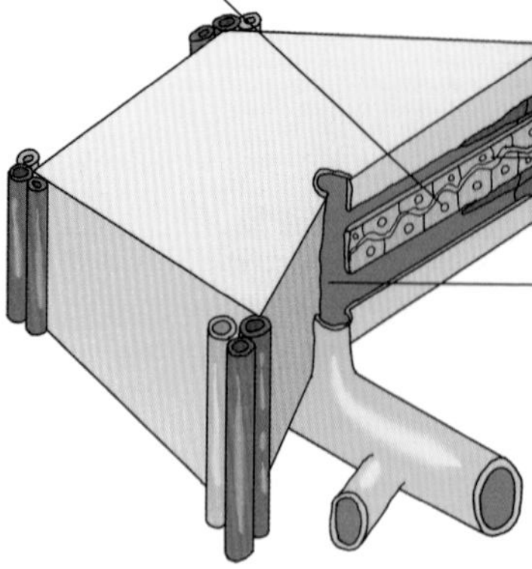

圖1-9　肝細胞聚集構成的肝臟最小單位

從通往中央靜脈（肝靜脈）的門脈和肝動脈的分枝，所分出的毛細膽管，穿過由肝細胞組成的肝組織。

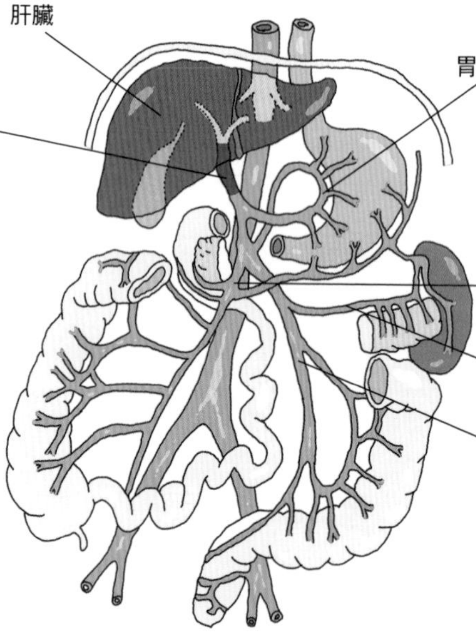

圖1-10　進入肝臟的靜脈——門脈

含有來自胃壁或腸壁的營養或異物的血液，會透過靜脈運送，而靜脈會在最後匯集成一條，變成門脈，將血液送至肝臟。

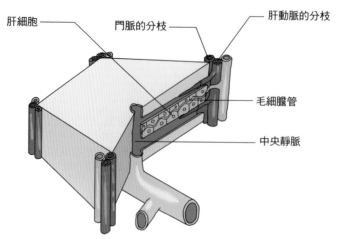

ＡＬＤＨ作用比較差的人，沒辦法分解有害的乙醛，所以只喝一點酒就會醉；相反的，ＡＬＤＨ作用較強的人，就可以分解乙醛。所以才會有「肝功能強的人，酒量比較好」這樣的說法。

4. 橘子吃太多，皮膚就會變黃的疾病是黃疸？

這種疾病不是黃疸，是橘黃症。柑橘類水果有胡蘿蔔素，會沉澱在臉部、手掌或腳底等部位，使皮膚看起來偏黃。

黃疸也會出現皮膚偏黃的症狀，其中最大的特色是連白眼球（鞏膜，也就是眼球纖維膜）的部分都會變成黃色。一旦肝硬化等肝臟疾病造成肝細胞的障礙，或是導致膽汁通道（膽道）堵塞，膽汁就無法送到十二指腸，膽汁成分中的膽色素（尿膽紅素）就會逆流到血液裡，進而演變成黃疸。另外，尿膽紅素被排泄到尿液裡面時，小便的黃色濃度就會加深。

3 吃太油，胰臟會怎麼處置你？

1. 從左側腹蔓延到背後的疼痛，可能是什麼疾病？

有可能是胰腺炎，也就是胰臟發炎（見圖1-11）。**此病的疼痛症狀會在用餐後發生，尤其在吃了太多油膩食物，或是大量飲酒之後更為明顯**。因為胰臟（其位置見圖1-12）屬於消化腺的一部分，會分泌包含消化酵素在內的消化液，也就是胰液。

唾液裡的 α 澱粉酶（分解醣質）、胃液裡的胃蛋白酶（分解蛋白質）都是消化酵素；胰液含有胰蛋白酶、胰凝乳蛋白酶（分解蛋白質）、胰澱粉酶（分解醣質）、胰脂酶（分解脂肪），以及分解三大營養素的酵素。**這些胰液會經由胰管分泌到十二指腸**，進一步消化在胃裡消化的內容物。

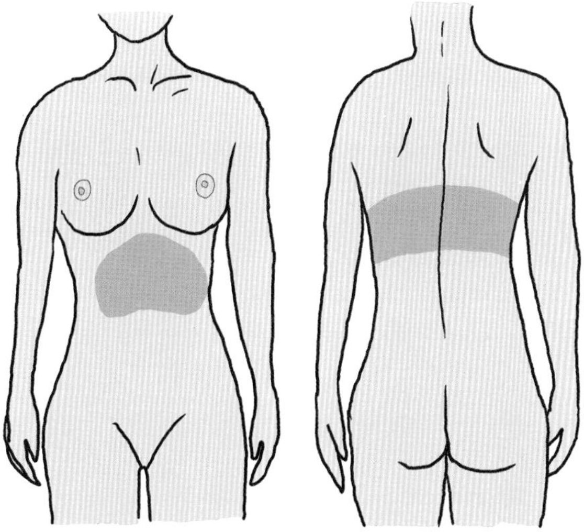

圖1-11　因胰腺炎而感到疼痛的部位

疼痛感從心窩到左上腹部，然後擴散到背部時，就有可能是胰腺炎或急性胰腺炎。

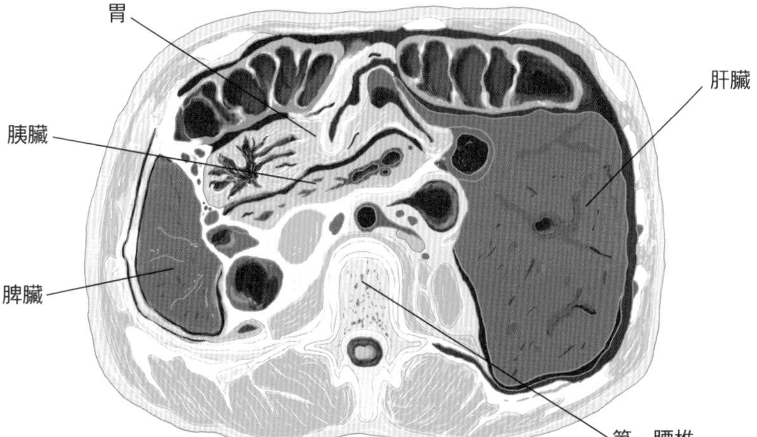

圖1-12　從腹部的剖面圖來看，胰臟位在中央的位置

胰臟位在左上腹部橫跨到心窩處，在胃的後方，夾在十二指腸之間。

2. 在胃裡酸化的食物會怎麼變化？

胃酸是 pH1 的強酸性分泌液，而被分泌到十二指腸的胰液，則是含有碳酸氫根離子（重碳酸鹽）的鹼性分泌液，會把被胃液酸化的食物加以中和。

從胃裡送出的食物，呈現酸性、糜粥狀液體，接觸到十二指腸的腸壁之後，就會分泌出消化道激素——胰泌素。當它在腸道被吸收後，會進入血液裡，移動到胰臟，刺激腺細胞，促使胰臟分泌含有大量鹼性的胰液。

受胰泌素刺激所分泌出的胰液，幾乎不含消化酵素，並且會把來自胃部的酸性糜粥狀液體加以中和，使消化酵素的作用環境達到平衡。

3. 壺腹乳頭並不光只是總膽管的開口

由肝臟分泌、在膽囊濃縮的膽汁，作為消化液經由總膽管流入十二指腸。總膽管的出口是壺腹乳頭（十二指腸大乳頭，見圖 1-13）。

胰臟跟肝臟一樣，會分泌消化液，稱為胰液。胰液會流進十二指腸，而運送胰液的導管則稱為胰管。其實胰管的出口也是壺腹乳頭，以和總膽管匯流的型態，形成共同的出口。壺腹乳頭具有環狀平滑肌組織相當發達的奧狄氏括約肌，會負責調整消化液流入的時機。

4. 胰臟有內外兩種分泌腺作用

如同胰臟會分泌消化液，人體還有唾腺、胃腺、淚腺、甲狀腺等不同的分泌腺，會分泌胰液、胃液、淚水等分泌液，而甲狀腺則是分泌激素（甲狀腺素或抑鈣激素）。

外分泌腺是經過導管，把分泌液分泌到必要部位，而激素則是被釋放到血液裡，再透過血液循環來運送，因此，

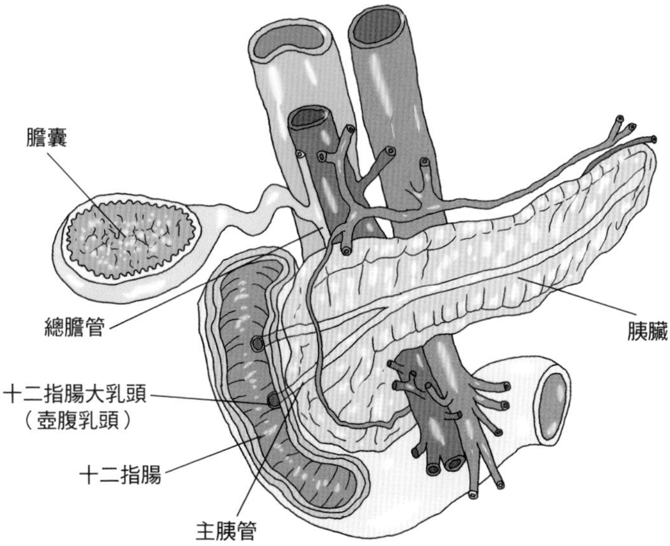

圖1-13　胰臟連接於十二指腸

胰管是運送胰液的管道，出口位在十二指腸的內側，被稱為壺腹乳頭（十二指腸大乳頭）。

甲狀腺等分泌腺被稱為內分泌腺。

胰臟除了分泌胰液的外分泌腺功能之外，也兼具分泌胰島素（能降低血糖值，所以能用來治療糖尿病患者）或昇糖素等激素的內分泌腺功能。

胰臟的內分泌腺稱為胰島或蘭氏小島（見圖1-14），是遍布在胰臟內的島狀細胞群，數量多達一百萬個。

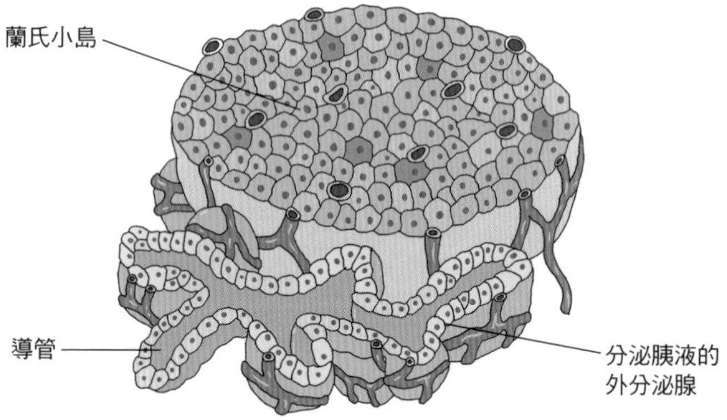

圖1-14　胰臟的內分泌腺——蘭氏小島

血糖值如果過高，血管就容易受損，所以要利用胰島素來降低血糖。分泌胰島素的就是胰臟的蘭氏小島。

4 吸收：十二指腸與肝胰動員令

1. 小腸內側的腸壁總面積幾乎跟網球場一樣大！

小腸的作用是消化食物和吸收營養素。小腸會透過內壁的黏膜，把營養素等物質吸進腸壁內微血管的血液裡面。因此，為了盡可能增加消化的食物和黏膜之間的接觸，黏膜會製作出高度約八公釐的環狀皺襞，使小腸壁的面積增加三倍（見下頁圖1-15）。

黏膜表面看起來呈絨毛狀（見下頁圖1-16），是因為表面有許多含有微血管、高度〇・五至一・五公釐的小突起（腸絨毛）。其表面布滿高度一微米的微絨毛，如果將這些加總起來，面積大約是兩百平方公尺，差不多是一個網球場那麼大，大約是表面所看到的六百倍以上（見第三十三頁圖1-17）。

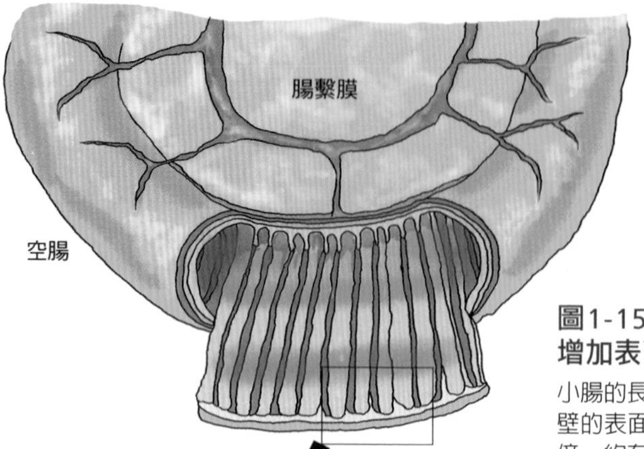

圖1-15　小腸內壁黏膜中增加表面積的環狀皺襞

小腸的長度長達6至7公尺，內壁的表面積因環狀皺襞而增加3倍，約有3,300平方公分。

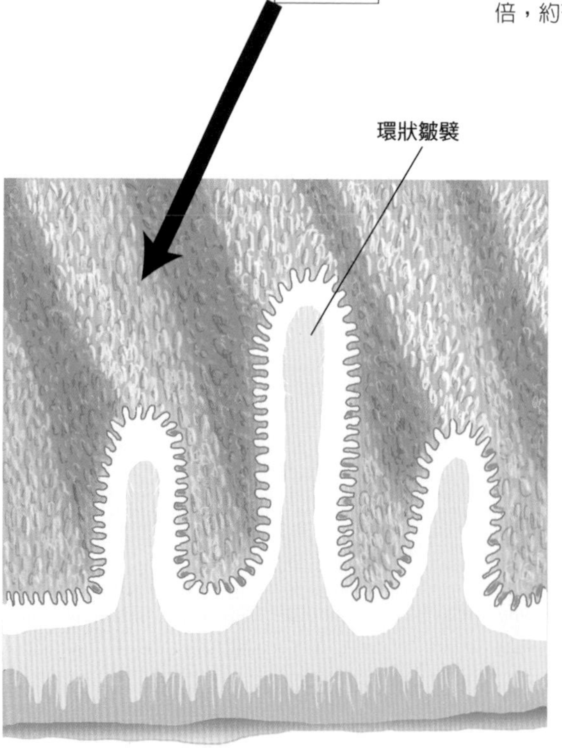

圖1-16　覆蓋小腸黏膜的腸絨毛

為了吸收被消化的營養素，利用腸絨毛進一步增加表面積，將營養素吸收到腸絨毛的微血管裡。

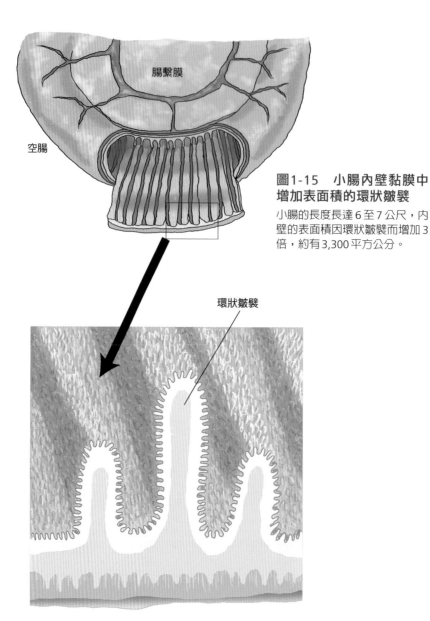

2. 吸收營養的是腸絨毛內的微血管

血液在全身循環，具有搬運作用。從心臟擠壓出的血液會經由動脈流出，動脈經過不斷的分枝、變細，最後形成微血管。微血管透過直徑五至十微米的薄壁，在血管中的血液和組織之間，交換氧氣、二氧化碳、營養素、老廢物質等。

為了吸收營養素，小腸的腸絨毛裡面也有微血管。微血管會匯流成靜脈，血液經由靜脈流回心臟。可是，從小腸等消化道壁經由靜脈流回的血液，在和流回心臟的大靜脈匯流前，會先匯流到門脈，並且在經過肝臟之後，再進入下腔靜脈。

3. 腸絨毛裡有微血管和微淋巴管，各吸收不同營養

小腸吸收的營養素，包括胺基酸（經蛋白質分解）、**葡萄糖和果糖**（醣質〔碳水化合物〕分解），**以及脂肪分解後的脂肪酸和單酸甘油脂等**。

微血管內的血液吸收胺基酸、葡萄糖和果糖等；雖然脂肪的分解產物被腸絨毛吸收，但是卻沒有直接存在於微血管內的血液。

人體有心血管系統和淋巴系統。心血管系統是動脈細分成微血管，或微血管匯流成

靜脈；淋巴管系統的起點是盲端，也就是微淋巴管。腸絨毛上面分別有微血管和微淋巴管。脂肪的分解產物，就是由微淋巴管負責吸收（見圖1-18）。

4. 十二指腸的十二是什麼數字？

在醫學上，進行長度概算的時候，都是以「距離幾指」或是「幾指長」等手指寬度（指幅），來作為指標，例如，三根手指的寬度，就稱為「三指（幅）寬」。一指幅的寬度大約是一・五至兩公分。

小腸可分成十二指腸、空腸、迴腸三個部分。十二指腸連接胃的出口（幽門），呈現C形，隔著胰臟的胰頭，一直到十二指腸空腸曲（按：自第三腰椎左側向上，到達第二腰椎左側轉向前下方，改為空腸，此處彎曲為十二指腸空腸曲）的小腸前端，長度正好是十二指，所以才會命名為十二指腸。

5. 十二指腸壁也有分泌腺

因胃酸而酸化的糜粥狀食物，會被弱鹼性的胰液中和，此外，十二指腸壁的分泌腺

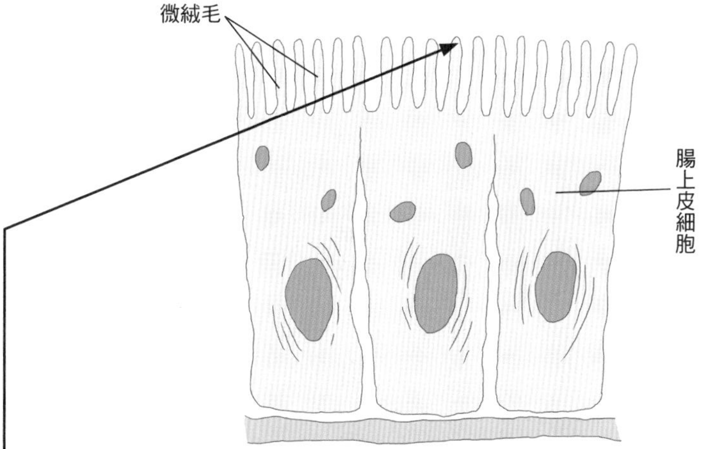

圖1-17　把小腸內壁面積進一步擴大的微絨毛

腸絨毛的表面布滿高1微米的微絨毛，據說如果再加上這些微絨毛的面積，結果大約是表面所看到的600倍以上。

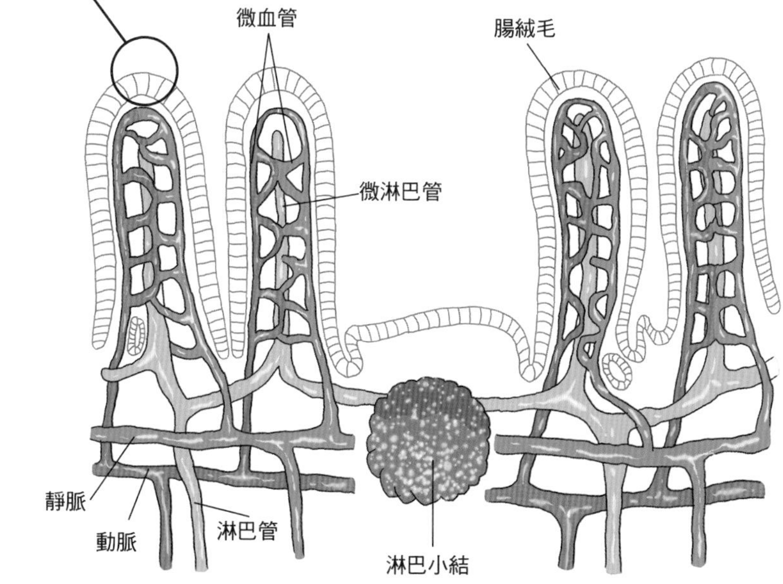

圖1-18　脂肪的分解產物由腸絨毛內的微淋巴管吸收

腸絨毛裡面有微血管和微淋巴管（參考106頁），蛋白質和醣質被微血管吸收，脂肪則會被微淋巴管吸收。

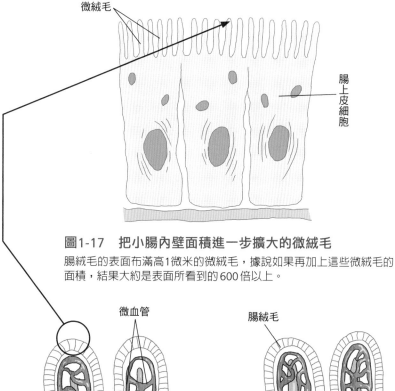

分泌出的腸液，也具有中和作用。十二指腸的起點附近，有十二指腸腺（布隆納氏腺），從那裡分泌的腸液，含有大量的黏液和碳酸氫鈉，可以中和酸性的食物。

胃送出的食物的酸鹼性大約是pH1至pH2，經過十二指腸後，**會被胰液和腸液等中和成pH7至pH8，成為各種消化酵素都可發揮作用的狀態。**

十二指腸腺是外分泌腺，不過，十二指腸黏膜有能分泌激素的內分泌細胞，S細胞會分泌胰泌素，I細胞則會分泌膽囊收縮素。

6. 消化道激素——胰泌素、膽囊收縮素是什麼？

十二指腸壁的S細胞分泌胰泌素，會促使胰臟分泌富含碳酸氫根離子的胰液，中和酸性的糜粥狀液體。不只是如此，**胰泌素也作用於胃腺壁細胞，抑制胃酸的分泌**（見圖1-19）。此外，胰泌素還會使幽門括約肌收縮，抑制酸性的胃內容物流入十二指腸。

經過中和的糜粥狀液體，會有胺基酸等蛋白質分解產物或是脂肪，一旦接觸到十二指腸壁，內分泌細胞中的I細胞就會分泌出膽囊收縮素。此激素會透過血液，促進胰臟分泌富含蛋白質、脂肪、醣質消化酵素的胰液。同時，還會讓膽囊收縮、放鬆總膽管的奧狄氏括約肌，促進分泌分解脂肪的膽汁，並運送到十二指腸（見圖1-20）。

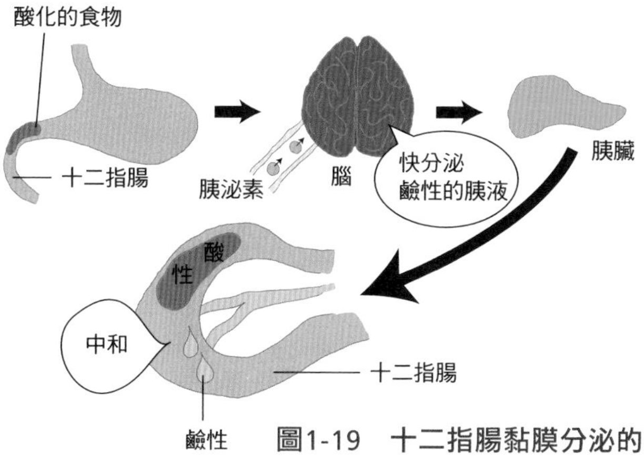

圖1-19　十二指腸黏膜分泌的胰泌素的作用

胰泌素會促使胰臟分泌鹼性的胰液，同時抑制胃腺的胃酸分泌。

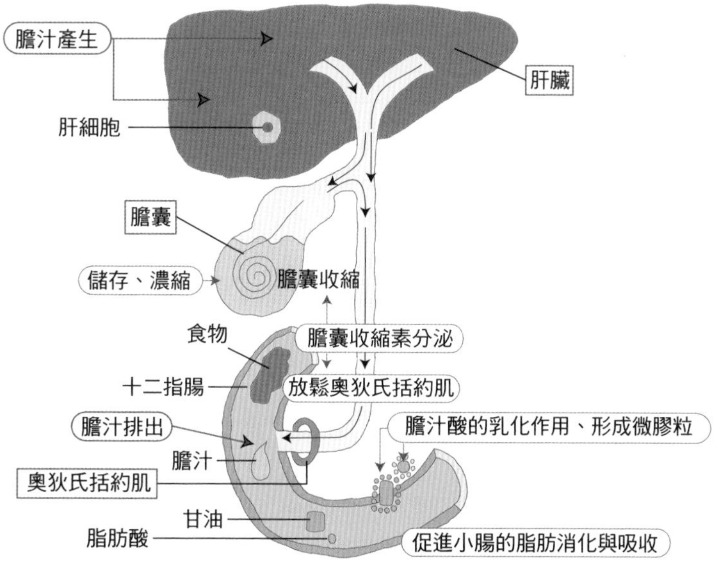

圖1-20　十二指腸黏膜分泌的膽囊收縮素的作用

膽囊收縮素會促進胰臟分泌富含消化酵素的胰液，以及膽囊的膽汁分泌。

5 你不動，大腸就不動

1. 盲腸炎是盲腸發炎嗎？

當人的右下腹疼痛，就是盲腸出問題嗎？會不會是盲腸炎？其實所謂的盲腸炎，並不是指盲腸發炎。

大腸連接小腸的開頭部分，本應呈現L形，實際上卻呈現倒T形，從連接口往下突出。無路可走稱為盲，而大腸前端因為往下突出，無路可走，所以才會稱為盲腸。盲腸的前端有個約小拇指大的蛔蟲狀突出，稱為闌尾（見圖1-21）。其內部呈現管狀，當出現闌尾炎（闌尾化膿性發炎）時，右下腹部就會疼痛，這就是一般所謂的盲腸炎。

2. 闌尾是多餘的？

據說在兔子、馬等草食性動物的體內，用來分解纖維素（草的纖維）的細菌，就棲

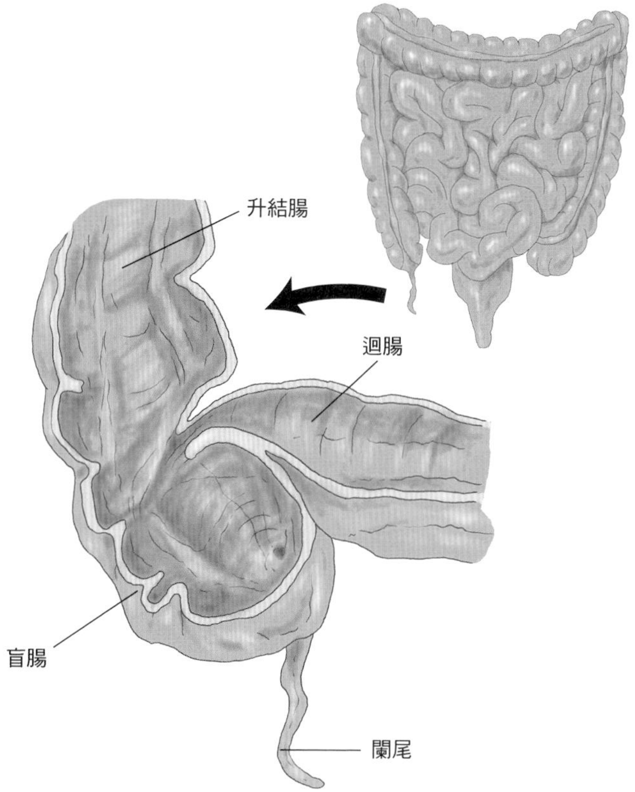

圖1-21　大腸的區分和闌尾

大腸分成盲腸、結腸、直腸。大腸前端連接小腸（迴腸）的部分稱為盲腸，前端像蛔蟲般下垂的部位是闌尾。

息在闌尾，而且闌尾的尺寸又粗又長。對人類來說，闌尾並沒有太大的作用，即使如此，闌尾炎還是會發生。所以人們多半在接受其他的開腹手術時，會預防性的切除闌尾。

可是，闌尾的黏膜下組織有許多淋巴小結，近年有研究發現，淋巴組織是**生產免疫球蛋白A的重要場所**。免疫球蛋白A在黏膜免疫上，具有相當重要的作用，與維持腸內細菌的平衡息息相關，所以闌尾並非可有可無。

3. 大腸有什麼功能？

營養素是靠小腸的腸絨毛吸收，那麼，大腸的功能又是什麼呢？

食物在嘴裡被咬成碎末，再和唾液混合，會經過喉嚨、食道抵達胃部。食物會在胃裡和胃液混合，抵達小腸後，進一步和膽汁、胰液和腸液混合，最後在小腸吸收完營養素之後，移動到大腸。

混合在食物裡的水分，平均一天約有唾液一・五公升、胃液兩公升、膽汁以及胰液一・五公升、腸液三公升，共計約八公升，這些水分會把食物變成稠糊的糜粥狀。

大腸的長度大約是一・五公尺，糜粥狀的食物殘渣通過這裡時，大腸會吸收殘渣裡的水分，使食物殘渣變硬，形成糞便（見左圖）。

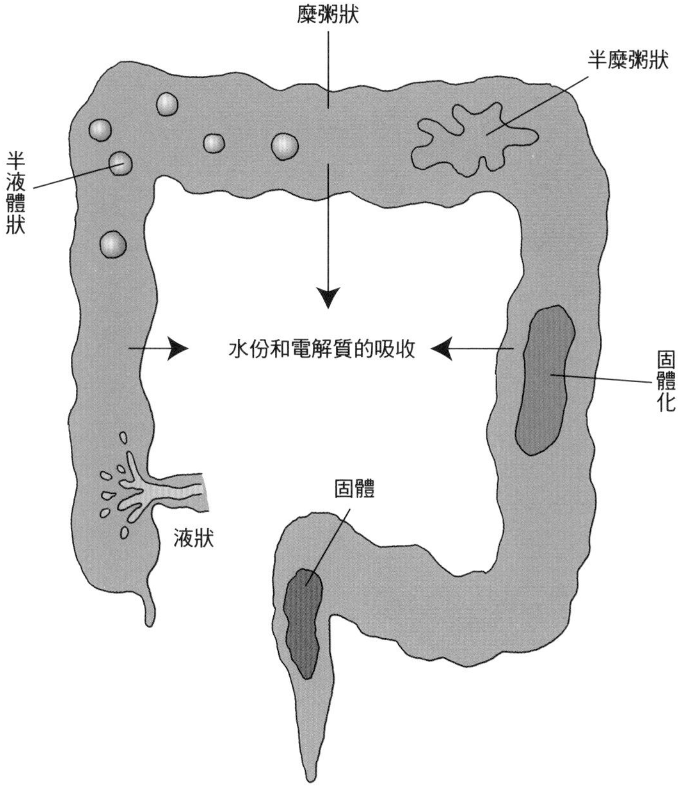

圖1-22　大腸製造糞便

從小腸送出的糜粥狀、液狀內容物，會被大腸吸收水分和電解質，使食物殘渣凝固，製造成糞便。

4. 腹瀉或便祕是怎麼引起的？

糞便會透過腸壁肌肉的蠕動運動（反覆收縮、放鬆）被推送到出口，當壓力等因素造成大腸過敏，導致蠕動運動過度激烈時，就會加快推進速度。若大腸無法充分吸收水分，糞便被推送到肛門，然後排出水狀糞便，就造成了腹瀉。

相反的，如果蠕動運動太過緩慢，推進食物殘渣的速度就變慢。如果這時水分被吸收太多，糞便乾硬，人們就會便祕。**除了因運動不足導致蠕動變慢之外，如果經常強忍便意，糞便在直腸停留，也會使糞便變硬。**如此一來，蠕動運動減弱，造成糞便停滯，食物殘渣被吸收更多的水分，進而引起惡性循環。所以養成規律的排便習慣十分重要。

6 腎臟一天製尿一百五十公升，你沒看錯

1. 一天的尿量大約多少？

腎臟一天製造的尿液量大約是一百五十公升，是人體一半以上的水量。人體內的水量大約是體重的六〇%，以六十公斤的人來說，體內的水量大約是三十六公升。有些人會問：「如果以尿液的型態排出一百五十公升水量，人豈不是成了人乾？」其實一百五十公升是腎臟從血液裡排出的尿量，稱為原尿。

原尿是從腎臟的微血管團——腎小球，排放到鮑氏囊的尿液。原尿在經由腎小管（連接鮑氏囊的尿液流通管道）流出的過程中，有九九%的尿液**再次被吸收到微血管內**，剩下的一%則會被運送到膀胱，經由尿道，變成排出的尿液。因此，一天的正常尿量是一至一．五公升左右（見下頁圖1-23）。

2. 製造尿液的腎臟結構和功能？

腎臟裡有動脈分枝後形成的微血管團（腎小球），而微血管團被鮑氏囊包圍。也就是說，入球小動脈（按：人體的小動脈，是腎動脈的分支）會進入鮑氏囊，形成腎小球，然後以出球小動脈輸出。出球小動脈再次分枝後，形成微血管，環繞在從鮑氏囊連接出來的腎小管周圍，再次從通過腎小管的原尿中，吸收水、葡萄糖、胺基酸、維他命、鈉等物質。

腎小球和鮑氏囊併稱為腎小體，而一個腎小體和腎小管，則併稱為腎元（腎的基本功能單位，腎臟內部構造見圖1-24）。

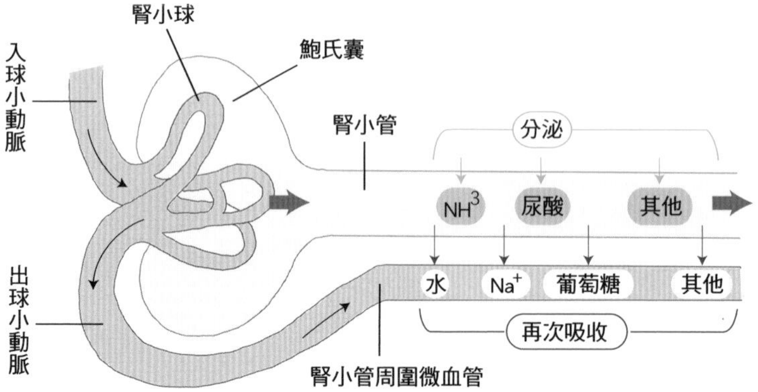

圖1-23　最初製造的尿量和排尿量的差異

最初製造的原尿，每天約達150公升之多，可是，中途會有99%再次被重新吸收，最後以尿液排出體外的量，每天約有1～1.5公升。

3. 腰部的劇痛，除了疝脫之外，還有什麼原因？

尿路結石會產生劇烈腰痛。所謂的結石是在腎臟等部位，形成草酸鈣或磷酸鈣等硬塊，一旦結石從腎臟移到纖細的輸尿管，就會導致輸尿管堵塞，進而引起痙攣，刺激神經而產生劇烈疼痛。

輸尿管是把腎臟製造的尿液，運送到膀胱、長二十五至三十公分、直徑四至七公釐的平滑肌管道。把尿液從膀胱排出體外的尿道只有一條，但來自左右腎臟的輸尿管則有兩條。輸尿管的起點約在第一腰椎的高度，然後沿著腰椎的兩側往下，一路延伸到位於骨盆腔外側的膀胱（其位置見第四十五頁圖1-25）。

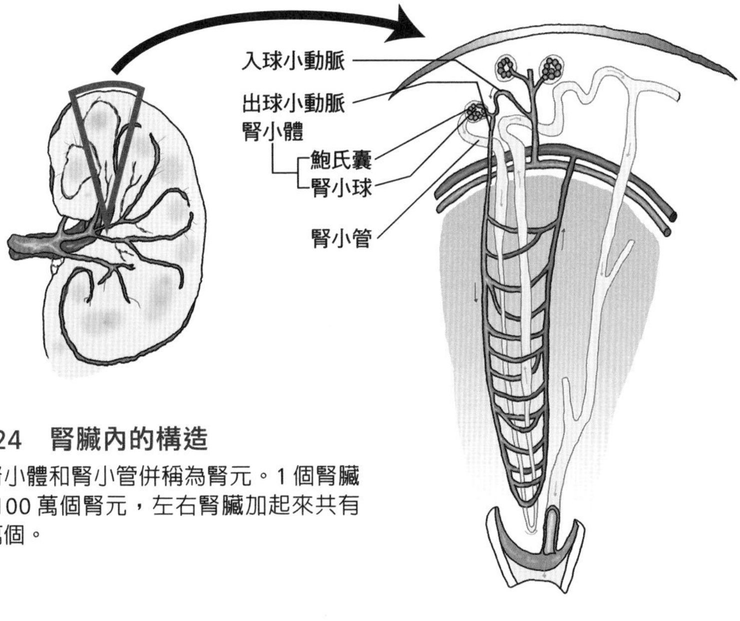

圖1-24　腎臟內的構造

1個腎小體和腎小管併稱為腎元。1個腎臟約有100萬個腎元，左右腎臟加起來共有200萬個。

這條細長的平滑肌尿管有三個比較狹窄的位置，是結石容易停留的地方。沿著腰往下的尿路結石所造成的疼痛，也會引起腰部的劇烈疼痛。

4. 血液透析用來過濾什麼？

透析是腎臟衰竭等腎臟功能發生障礙的患者，所接受的治療方法。

腎臟的功能是製造尿液，把血液裡的老廢物質及多餘的電解質，排出體外。因此，血液會經由腎動脈進入腎臟，透過腎元，把血液中不需要的物質過濾成尿液，並且透過腎靜脈，把過濾乾淨的血液送回身體。

腎臟製造的尿液會經由輸尿管、膀胱、尿道，被排泄至體外。腎臟功能一旦發生障礙，就**無法過濾血液**，於是出現**尿毒症**，把毒素送回體內。所以要利用血液透析裝置，把血液過濾乾淨再送回體內（見圖1-26），以避免發生這種狀態。

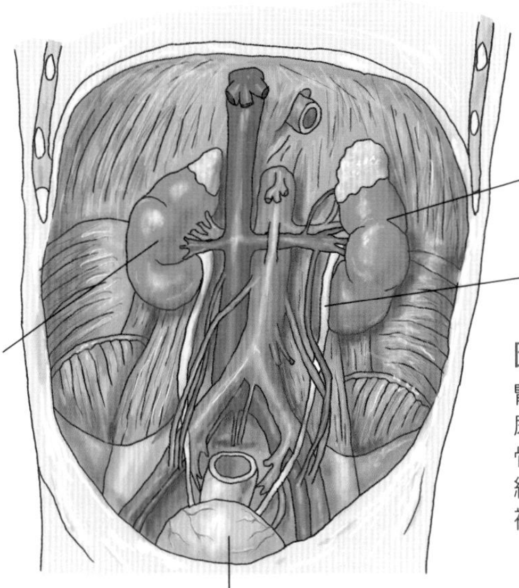

圖1-25　位於腰部的腎臟

腎臟位在腹部後方的腰部位置。把尿液運送到膀胱的輸尿管，則從腰骨（腰椎）兩側往下延伸。因此，結石堵住輸尿管所造成的疼痛，常被誤認成腰痛。

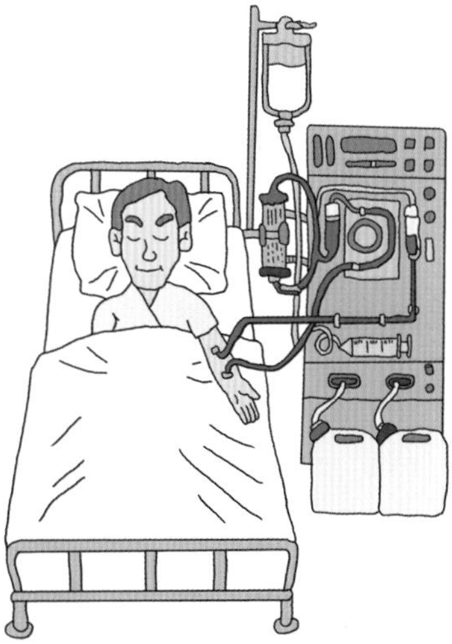

圖1-26　代替腎臟功能的血液透析

從血液中過濾老廢物質的腎臟發生功能障礙時，要利用血液透析，把流往腎臟的血液取出體外，以人工方式將血液過濾乾淨後，再送回體內。

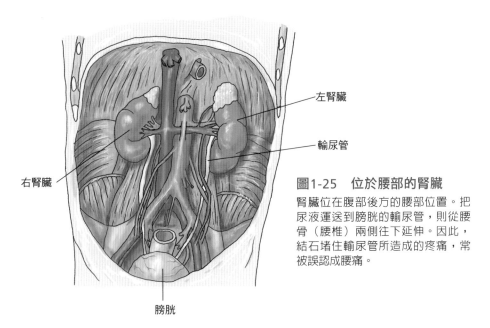

7 脾臟不是消化器官，突然快跑卻會痛

1. 脾臟有什麼作用？

脾臟含有血液，尤其是大量的紅血球（脾臟構造見圖1-27），其作用就是**貯藏紅血球的鐵，或是破壞老化的紅血球**。

血液有紅血球而呈現紅色。紅血球含有的血紅素，由含鐵的色素（血基質）和蛋白質（球蛋白）結合而成。所以紅血球所含的鐵會和氧氣結合，然後進行血液的氧氣搬運作用。

在系統類別中，**脾臟被歸類在淋巴系統裡面**。就組織來說，脾臟由紅髓（被充滿紅血球的靜脈竇〔按：心臟附近由大的靜脈匯合所形成的血管腔。具有可收縮的肌肉壁，能將靜脈血送入心房〕占據）和白髓（淋巴球組成）構成，脾臟會利用巨噬細胞（Macrophage）的侵蝕作用，來處理、破壞老化的紅血球。

2. 為什麼突然快跑，會導致側腹疼痛？

脾臟是五臟六腑之一，在中醫裡，五臟指的是肝臟、心臟、脾臟、腎臟和肺臟。脾臟不同於有左右之分的肺臟和腎臟，和肝臟、心臟同樣都屬於非成對的臟器，位在胃的左後方。也就是說，脾臟位在左側腹。而左側腹的疼痛就來自於脾臟（見下頁圖1-28）。

脾臟能貯存血液。運動時，肌肉需要大量的氧氣，血液會加速循環送出大量氧氣。突然劇烈運動時，身體會用貯存在脾臟的血液，因此脾臟瞬間收縮，進而引起側腹的疼痛。所以，運動之前需要熱身，不可以突然展開劇烈運動。

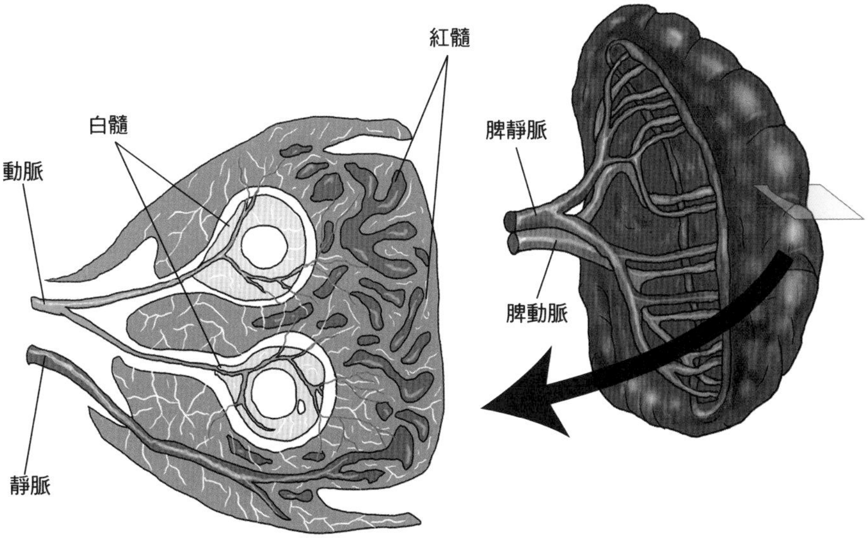

圖1-27　脾臟的構造

脾臟含有大量的紅血球，呈現深紅色。紅血球較多的部位稱為紅髓，淋巴球聚集的部位稱為白髓。

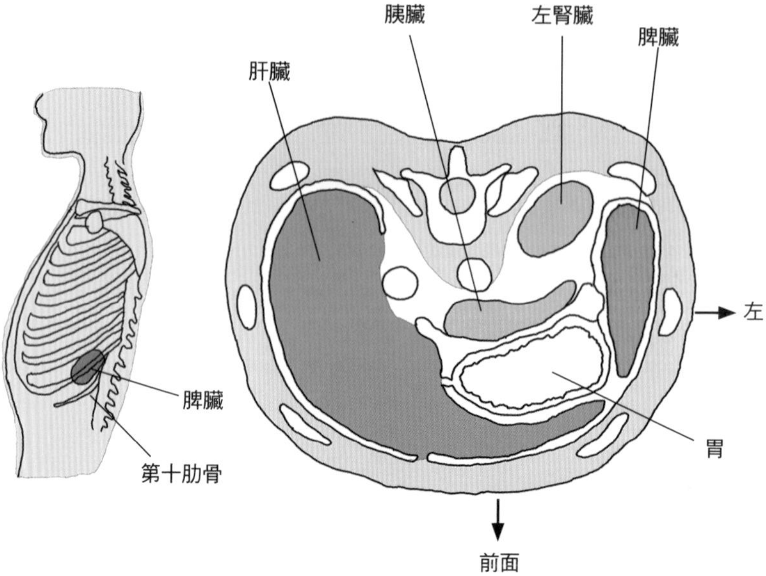

圖1-28　脾臟的位置

側腹又稱為脾腹。脾腹的「脾」是指脾臟，位在胃的左後方，也就是左側腹的位置。

8 止癢軟膏與腎上腺的關係

1. 腎上腺是附屬於腎臟的泌尿器官嗎？

雖然腎上腺覆蓋在左右的腎臟上面，名稱也有腎字。可是，腎上腺和腎臟並沒有直接的連接。正確來說，腎上腺不是腎臟這個泌尿器官的附屬器官，而是屬於分泌激素的內分泌腺。可是，因為外側和內側的組織不同，分泌出的激素也不同。

外側的組織稱為皮質，內側的組織稱為髓質，而腎上腺的內部構造，則是將外側稱為腎上腺皮質，內側稱為腎上腺髓質（見下頁圖1-29）。腎上腺皮質分泌類固醇激素，腎上腺髓質分泌兒茶酚胺。

2. 塗抹在皮膚上的軟膏、乳霜和類固醇之間的關係？

腎上腺皮質分泌的激素有礦物皮質激素、糖皮質激素、雄激素。糖皮質激素一般稱

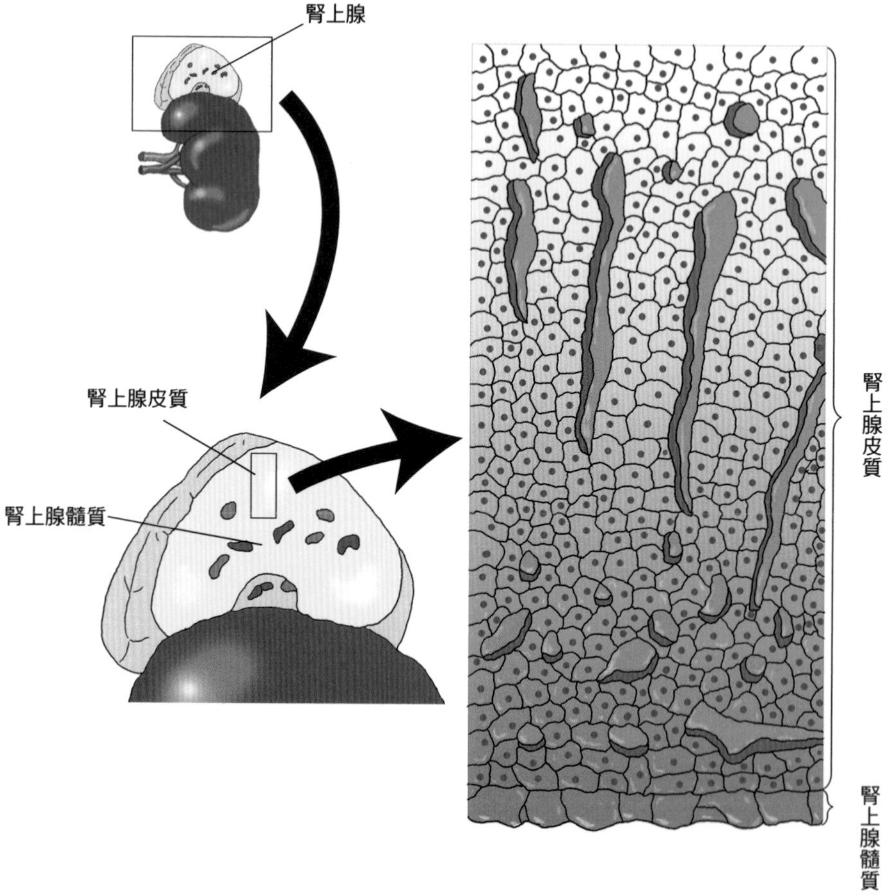

圖1-29　腎上腺的內部構造

雖然覆蓋在腎臟上面而被稱為腎上腺，但事實上卻是內分泌腺。就像大腦外側稱為大腦皮質，內側稱為大腦髓質，腎上腺的外側稱為腎上腺皮質，內側則稱為腎上腺髓質。

為類固醇，具有促進葡萄糖合成、使血糖值上升的糖質新生作用，以及抗炎性等多種不同的作用。

以抗炎性來說，類固醇不僅可以預防發炎擴大、抑制微血管的通透性、減輕局部浮腫，還可以發揮抗發熱作用與鎮痛作用，所以被當成藥物使用。

可是，若是黴菌之類的真菌或細菌感染所造成的發炎，類固醇反而會使感染更加惡化，所以使用類固醇軟膏等藥物時，還是要遵照皮膚科醫師或藥劑師的指示。

軟膏 12 公克【第（2）類醫藥品】／醫藥品〔皮膚藥物／濕疹、搔癢／濕疹、搔癢的藥物 軟膏〕／內容量：12 公克
同時具有抗發炎、止癢、促進血液循環、殺菌作用 4 種效果，腎上腺皮質激素（類固醇）的醋酸地塞米松，可在濕疹、發炎上發揮效果。止癢劑丁烯醯苯胺的作用可抑制濕疹、發炎所伴隨的搔癢。採用刺激較少、保護患部的油性基劑，乾溼兩種類型都可使用。醫藥品。

圖1-30 皮膚軟膏說明書

類固醇軟膏之類的說明書中，有時會記載腎上腺皮質激素，而腎上腺皮質激素中的類固醇具有抗發炎作用。

9 肚臍沒功能，但沒肚臍怪怪的

1. 需不需要有肚臍？

青蛙是卵生，沒有和母蛙的肚子相連，所以沒有肚臍。人還在母親肚子裡時，則是利用臍帶和母親相連（見圖1-31）。而臍帶剪掉後的痕跡就是肚臍。

臍帶的粗細大約兩公分，長度有五十至六十公分，裡面有三條血管。一條是從母親身上把含有氧氣和營養的血液，運送到胎兒的血管（臍靜脈），另外兩條則是從胎兒身上把含有廢棄物質的血液，運送給母親的血管（臍動脈，見圖1-32）。臍帶裡的血管所含的血液，就是臍帶血，罹患白血病等血液疾患的患者，會用它來進行移植治療。

母親身上的臍帶，連在附著於子宮壁的胎盤上。胎盤會在胎兒生產後，從子宮壁上剝落，稱為後產。

因後產而脫離母體的胎盤，以及接在胎盤上的臍帶，因為不需要繼續接在新生兒的腹部，所以出生後就要剪掉，而剪下之後的傷痕就會形成肚臍，不具有任何功能。

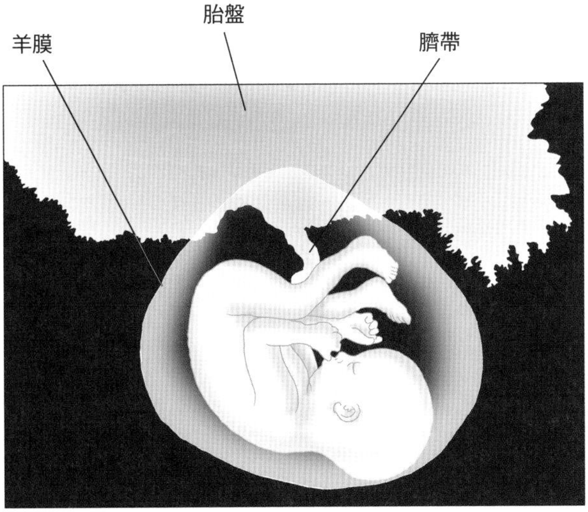

圖1-31　連接胎兒和胎盤的臍帶

從胎兒的肚臍延伸出來的臍帶，連接著緊貼在母親子宮壁上的胎盤。

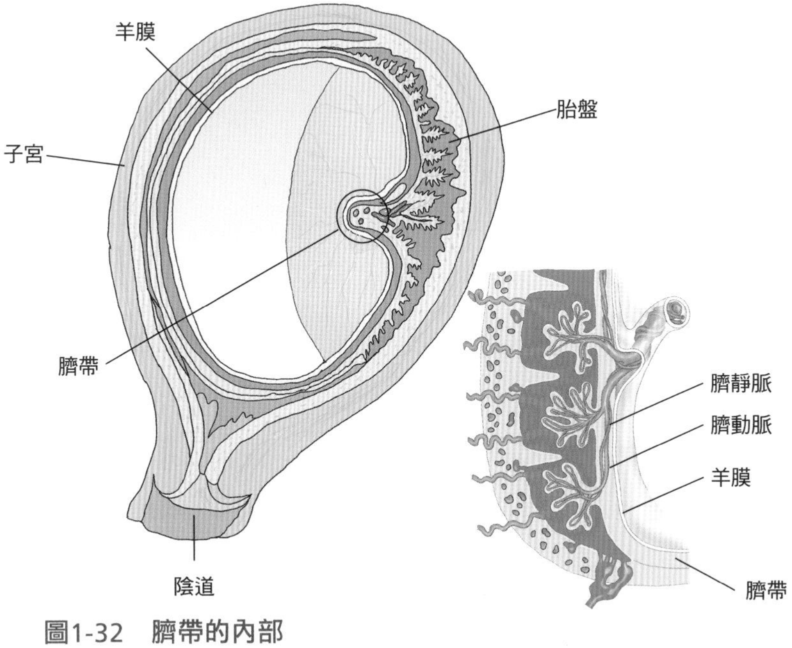

圖1-32　臍帶的內部

臍帶有 2 條臍動脈、1 條臍靜脈。臍靜脈是把母親含有氧氣等營養的乾淨血液，運送到胎兒心臟的血管。

不過，在判斷自己的腹部位置時，可以用肚臍作為基準點。當右下腹疼痛時，可以在連結骨盆邊緣前側緊繃處與肚臍的那條線上，按壓外側三分之一附近。如果很痛，就可能是盲腸炎（闌尾炎），需要馬上到醫院就醫。

10 管你痛左邊痛右邊，腹部手術爲何都開中間？

1. 腹部呈現塊狀，是因為腹肌發達？

腹肌附著在胸部和骨盆前側的骨頭上面，在肚臍的兩側呈現筆直狀。因此，又被稱為腹直肌。

一般的肌肉是隔著關節，連接骨頭和骨頭，藉由收縮的方式來拉扯骨頭，以活動關節。這個時候，骨頭上面不會伸縮的肌腱之間，肌纖維肌束則會收縮。肌束收縮時，肌肉會聚集在一起，就會像手肘彎曲隆起的二頭肌那樣鼓起。

而腹直肌的肌腱，只附著在胸部和骨盆的骨頭上面，當肌束收縮，腹部整體就會整個鼓起來。因此，胸部和骨盆之間會有三至四個肌腱，藉此分散隆起的力量。於是，皮下脂肪較少、腹直肌比較發達的人，腹部看起來就會呈現塊狀（見下頁圖1-33）。

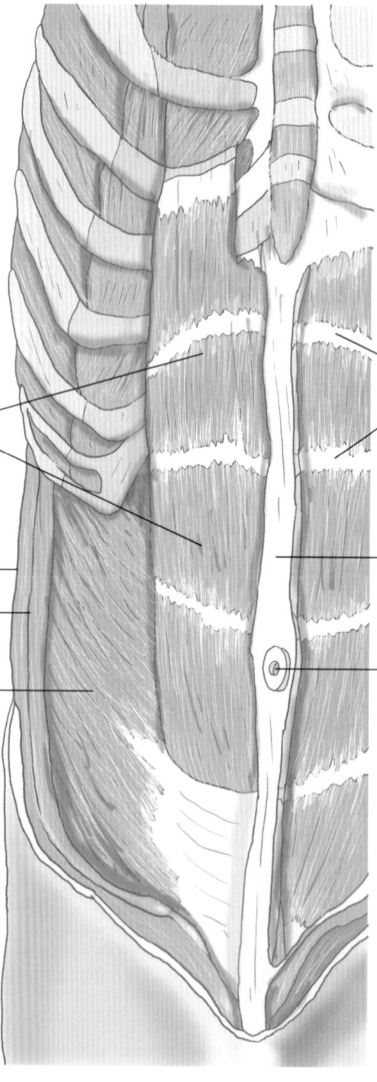

圖1-33　構成腹壁的腹肌

腹壁的肌肉是由4種較大的肌肉構成。位於肚臍上下、腹部正中央的是左右側腹肌肉（腹外斜肌、腹內斜肌、腹橫肌）的腱膜相互連接而成的白線。

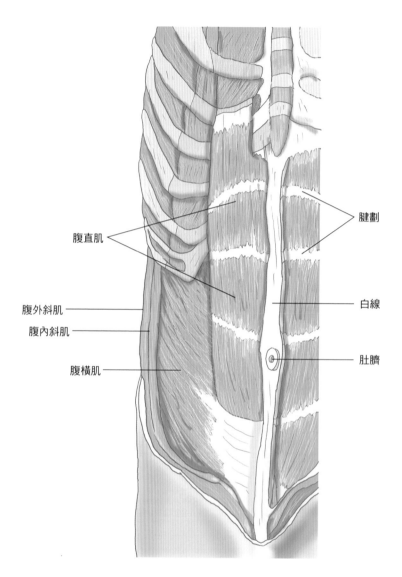

2. 開腹手術大都從正中央開腹的理由

做過開腹手術的人，多半都會在肚臍下方留下手術的痕跡，此處位於腹直肌之間（因為左右側腹的肌肉相互連結，所以沒有肌纖維）。

側腹肌肉有三層較寬的肌肉，靠肌腱附著在上方的肋骨、後方的背骨和下方的骨盆上面。不過腹部沒有骨頭，所以側腹的大片肌肉，會在肌腱的尾端形成大範圍的膜狀，並且在腹部的正中央連接左右兩側。而左右三層的腱膜位於肚臍上下、正中央的部分，幾乎沒有肌肉、神經和血管。因此，為了盡可能減少肌肉、神經和血管的損傷，開腹手術多半都會選在此部位進行。

非新名詞解釋：疝脫

腰部疼痛、飽受腰痛之苦時，很多人都會猜想，會不會是疝脫（按：Hernia，某一器官或組織的一部分，因不正常的開口而向外突出）或是椎間盤突出？

所謂的椎間盤是位於骨幹的骨板，呈現柱狀，但骨幹本身並非一整根的骨頭。成人的骨幹有二十六節骨頭，相互重疊成柱狀。骨頭本身稱為椎骨。頸部的椎骨稱為頸椎，腰部的椎骨稱為腰椎。椎骨的前側呈現圓柱狀，就像達摩塔（按：外形有點像疊疊樂的日本科學玩具，需要用槌子把木柱一個一個敲掉，且不能倒塌）呈現上下重疊。可是，**椎骨並沒有直接重疊，而是在椎骨和椎骨之間夾著圓板狀的軟骨**，被稱為椎間圓板，之後就縮短簡稱為椎間盤。

椎間盤是軟骨，不是骨頭。當位在軟骨中央的髓核突出，壓迫到椎骨旁邊的神經，就會引起疼痛。尤其腰椎間的**椎間盤更容易發生突出問題**，於是出現腰痛。此現象就稱為疝脫。不光是髓核位移，**內臟等器官從原本的位置，經由縫隙跑到其他位置時，也會使用疝脫這個名稱**。

脫腸也是疝脫的一種，在鼠蹊部發生的脫腸症狀，就稱為腹股溝疝脫。腸子墜落的縫隙稱為腹股溝管，這是胎兒在發展時，腹中的睪丸下降到陰囊的通道，出生後這個通道會關閉，如果沒有關閉，腸子經由腹股溝管移動，進而引起疝脫。是男性身上最容易發生的脫腸疾病。

胸部和腹部之間隔著橫膈膜，從胸口往下延伸的食道，必須穿過**橫膈膜的孔**（食道裂孔），才能夠連接腹中的胃。有時**胃的局部會擠進那個孔**，這種病症就稱為食道裂孔疝脫，同時也是引起逆流性食道炎的原因（胃下垂則是因為膈肌懸力不足）。此外，還有臍疝脫（腸子或體液跑到肚臍或附近肌肉缺口，哭鬧可導致），就是所謂的「凸肚臍」。

第二章

骨盆部——脊柱彎了，所以站直了，胸腔、骨盆腔變大了

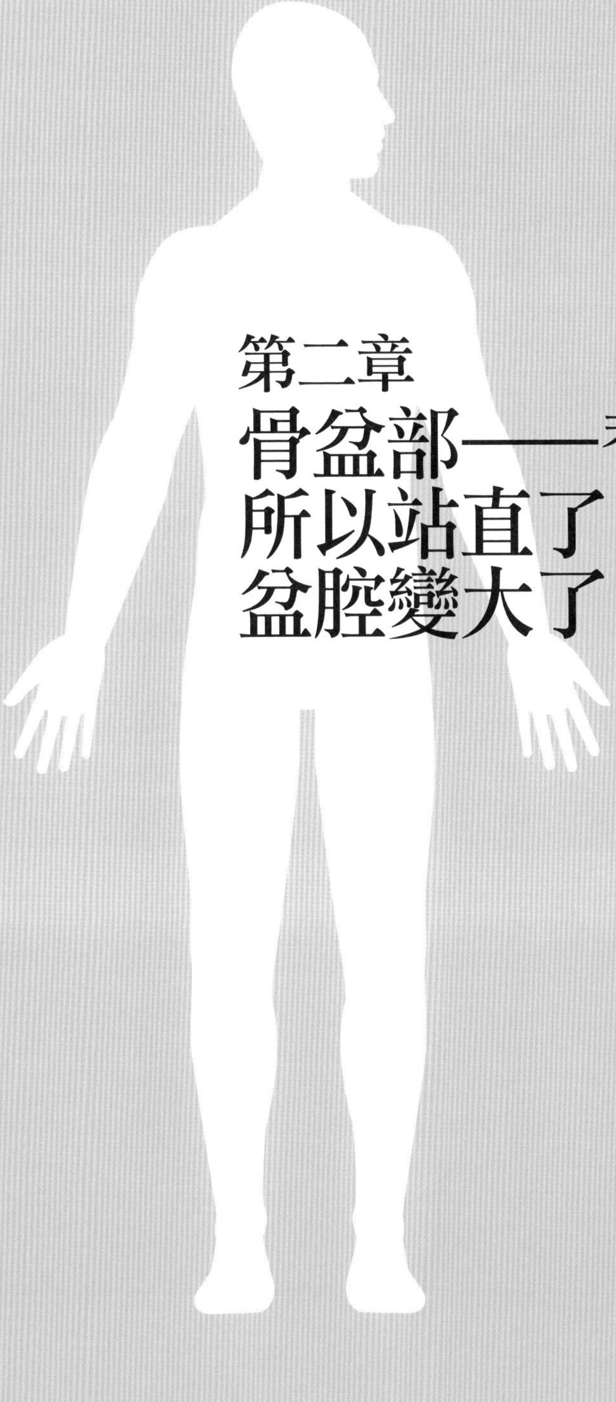

1　人類為了直立，骨盆與臀肌不再猿樣

1. 骨盆的形狀有男女之分，差別在哪裡？

女性身體比男性更適合生產，胎兒在母親的子宮內發育、成長。生產的時候，在子宮內孕育的胎兒會經由陰道，從陰道口來到母體外面。胎兒生產的通道就是產道。在骨盆中，子宮、陰道存在於被稱為骨盆腔的空間裡。

產道的出口被稱為骨盆下口，其位置就在骨盆的左右髖骨，在恥骨部接合的正下方。那個場所是帶有些許角度的空間，稱為恥骨下角，那裡就是產道的出口。男性的恥骨下角呈六十度左右，而可生產的女性則比較寬，呈現九十度左右（見圖2-1）。

2. 會陰有幾個孔？

會陰從恥骨聯合（為連結兩塊恥骨的構造）延續到尾骨，也就是兩腿之間的位置，又稱為跨下或是胯股。

女性的會陰除了產道出口（陰道口）之外，還包括尿道出口（外尿道孔）跟直腸出口（肛門），一共有三個孔（見下頁圖2-2）；而男性的尿道在陰莖內，尿道口在陰莖前端的龜頭上面，並不在會陰上。所以男性的會陰只有肛門一個孔。

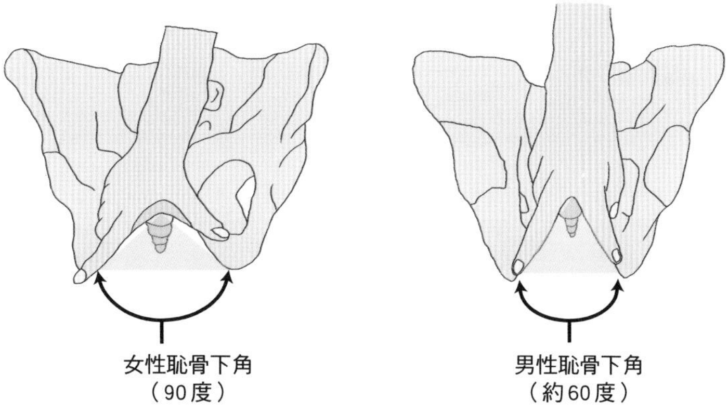

圖2-1　女性和男性的骨盆形狀差異

女性必須歷經生產，所以作為產道出口的恥骨下角呈現較寬的鈍角，而男性不能生產，則呈狹窄的銳角。

3. 骨盆的入口形狀呈現心形的是男性，還是女性？

是男性。骨盆的入口前方是恥骨聯合，封閉而成骨盆腔上口，骨盆腔內有膀胱、直腸，女性則多了子宮和陰道。

在子宮內孕育的胎兒變大之後，會從骨頭包圍的骨盆腔，擠到脊柱外、周圍沒有骨頭包圍的腹腔內，然後持續長大。當胎兒足月，要再次經過骨盆腔，才能從母親的腹部出來，所以骨盆腔就會成為骨產道。骨產道的入口，也就是骨盆上口會比較寬，就是為了生產時，可以讓胎兒更容易產出。

周邊距離相同，且面積較寬的形狀

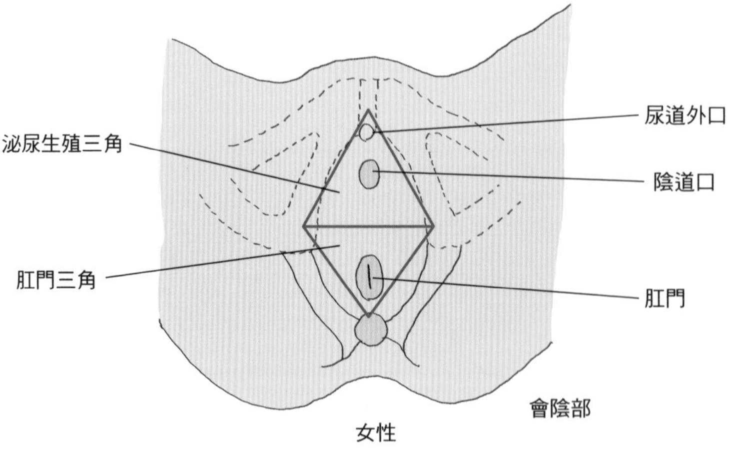

圖2-2　在會陰上的出口

女性位在胯股的會陰，由 2 個三角構成。前方是尿道和陰道口所構成的泌尿生殖三角，後方則是肛門開口的肛門三角。

是圓形，所以女性的骨盆上口呈現接近圓形的橫橢圓形。相對之下，男性的骨盆上口則是呈現後方的薦骨椎體上緣往中央凹陷的心形（見圖2-3）。

4. 為何女性的臀部看起來較大？

薦骨、尾骨形成骨盆後壁，其彎曲程度會因性別不同，影響臀部大小。

為了雙腳直立，人的脊柱會使頸部和腰部往前方彎曲；胸部和骶尾部（臀部）則往後方彎曲，擴大胸腔、骨盆腔的收納空間。骨盆腔裡有膀胱和直腸，女性則多了陰道和子宮。

女性生產時，骨盆腔會形成產道，骨產道的入口（骨盆上口）、通道、出

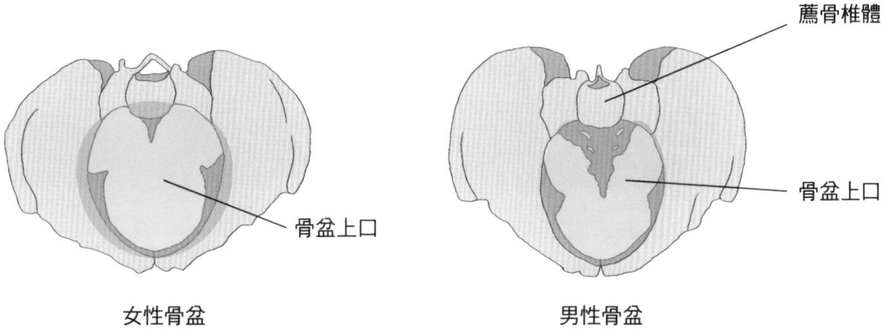

圖2-3　骨盆上口形狀的男女差異

骨盆上口在生產時會成為胎兒的生產通道入口，所以女性呈現寬敞且接近圓形的形狀，男性則呈現較為狹窄的心形。

口（骨盆下口）越寬，胎兒就越容易通過。只要通道出口的後壁，也就是骶尾部，越往後方彎曲，骨產道就會變得越寬敞，臀部在視覺上也會變大（見圖2-4）。**臀部較大的女性比較容易順產，**也是來自於這個原因。

5. 視覺上比大猩猩更大的臀部之優點

人類不是像貓、狗有四隻腳，雙腳直立、身體筆直挺立，是人類最大的特徵之一。當人用腳站立時，髖關節就會伸展。伸展髖關節用的肌肉就是臀部肌肉（臀肌）。臀肌依作用和大小差異分成臀大肌、臀中肌和臀小肌三種。

其中，臀大肌是為了站立，用來伸

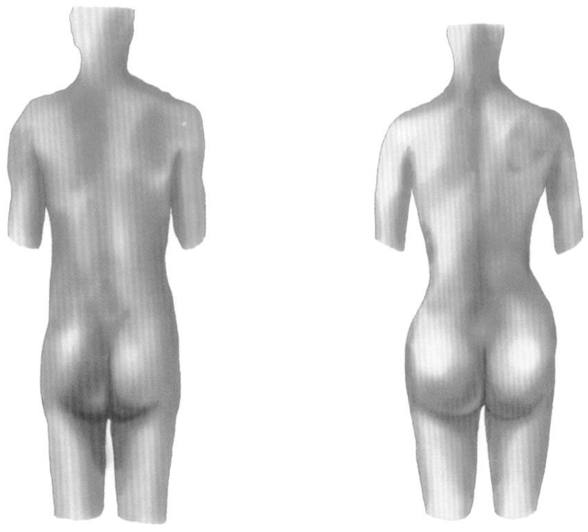

圖2-4　臀部大小的男女差異

形成骨產道後壁的骶尾部，只要往後方彎曲，產道就會變寬敞，所以女性的臀部會往後突出，看起來比男性更大。

展髖關節（見圖2-5），使得臀部大小更加醒目。大猩猩或日本獼猴則和人類相似，牠們走路時會彎曲髖關節，以手貼地的方式行走。因為牠們的臀大肌沒有人類發達，所以和人相比，臀部在身體比例上看起來比較小。下次去動物園，可以仔細觀察。

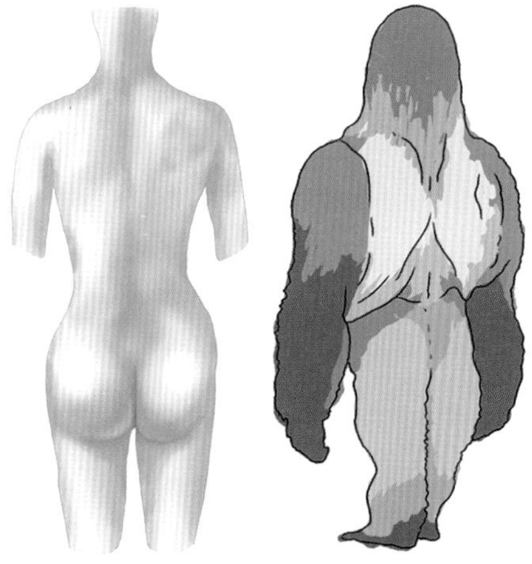

圖2-5　伸展髖關節的臀大肌

臀部隆起是因為伸展髖關節做出後踢動作的臀大肌。雙腳站立的人類，臀大肌比較發達。

6. 骨盆中的肌肉

人走路時會把腿抬起來。所以為了讓髖關節彎曲，就要使用另一個肌肉，讓在髖關節後方伸展的臀大肌往相反方向動作。這塊肌肉是髂腰肌，位在髖關節的前方、骨盆內（見圖2-6），從髖關節上面開始附著於股骨（按：人體最長的骨頭，又稱為大腿骨）。

把股骨往上提的髂腰肌的起點有兩處。當你把手平貼在腰上，就可以觸摸到骨盆的上緣，腰部凹陷處是腹部裡的腸子部分。托放腸子的骨盆部分，其骨頭稱為髂骨，髂腰肌的第一個部位就從該處起頭，稱為髂肌；而骨盆的後上方是腰椎，第二個部位就是以此處為起點，稱為腰大肌。髂腰肌由髂肌和腰大肌組合而成，就是穿過髖關節前面，附著於股骨的肌肉。

髂腰肌位在腹部的深層，屬於深層肌肉的一種。

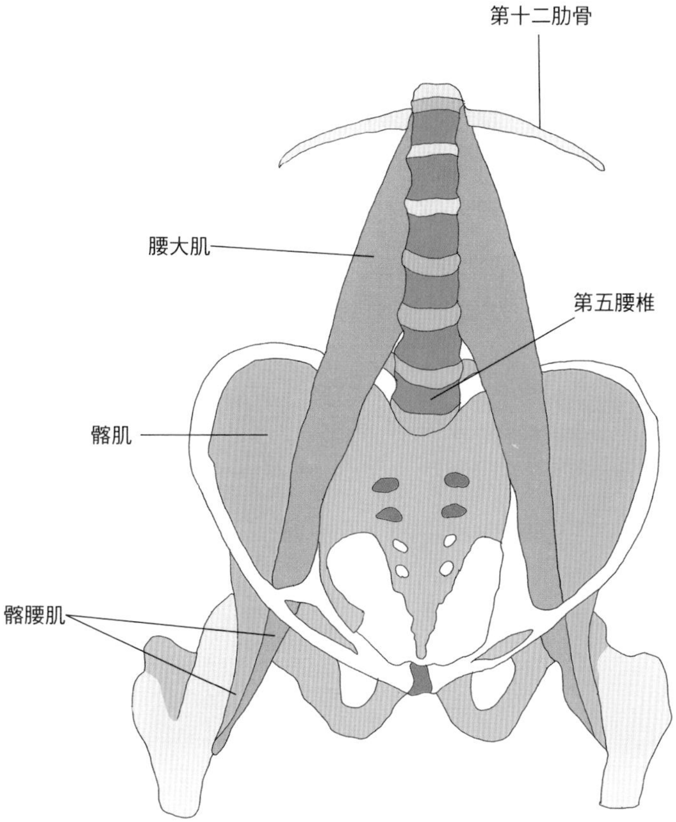

圖2-6 骨盆裡的髂腰肌

透過骨盆裡的腰大肌和髂肌的組合，也就是附著在股骨上的髂腰肌來彎曲髖關節，做出抬起大腿的動作。

7. 髖骨原本分成三個骨頭

常聽人家說坐骨神經痛，但其實坐骨是一種骨頭的名稱，而不是指坐著骨頭。只要坐在堅硬的地方扭動臀部，就可以感受到左右兩側的堅硬骨頭，那就是坐（在醫學上不是使用「座」，而是使用「坐」）骨。長期臥床的人，如果沒有經常更換姿勢，就會形成褥瘡，而這個部位就是發生褥瘡的部位之一。

俯臥時，骨盆的前端會緊貼著床，而在人裸體時，會因為羞恥而遮掩的前面部分稱為恥骨。把雙手平貼在腰部兩側，可觸摸到骨盆的邊緣。該位置的內側就是腹部裡的腸子，而該處的骨頭稱為髂骨。**坐骨、恥骨、髂骨會在孩子的成長期間逐漸變大，在成長最後形成一整個髖骨**（見圖2-7）。

8. 不全部封閉的孔——閉鎖孔

所謂的閉鎖孔是髖骨上敞開的「孔」（見圖2-8）。據說這種敞開的孔，是為了減輕骨盆的骨頭重量。

大腿內側到膝蓋上方附近發麻或感到疼痛，只要朝大腿內側施力，疼痛感就會集中

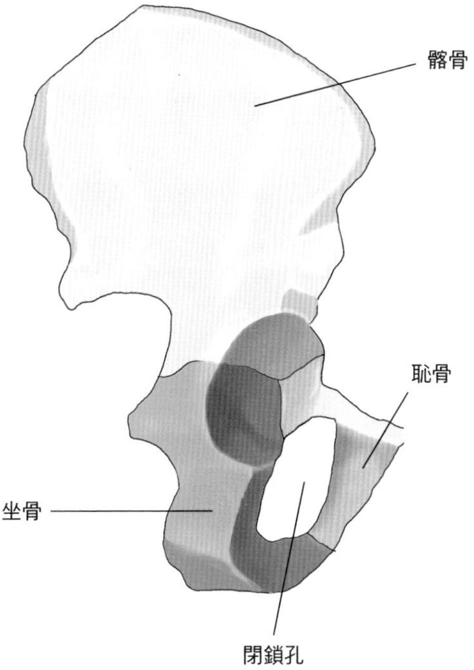

圖2-7　構成骨盆的髖骨是由 3 塊骨頭所組成

髖關節連接股骨的髖骨凹陷處名為髖臼，是髂骨、恥骨、坐骨聚集的部位，這個部位在孩提時期分離成3個部分。

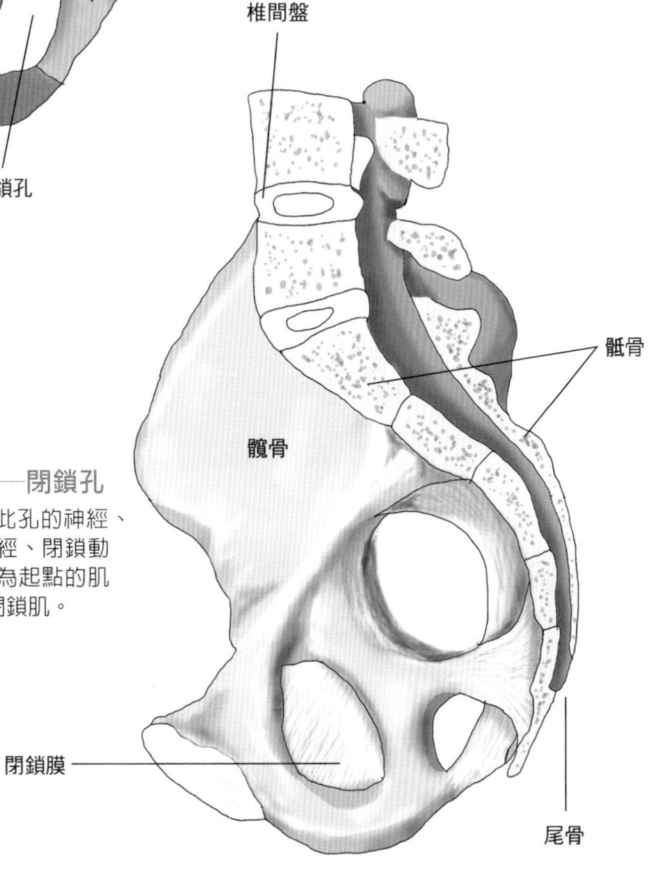

圖2-8　髖骨上的大洞——閉鎖孔

利用閉鎖膜封閉的孔，穿過此孔的神經、動脈、靜脈分別稱為閉鎖神經、閉鎖動脈、閉鎖靜脈，而以閉鎖膜為起點的肌肉，也被稱為內閉鎖肌和外閉鎖肌。

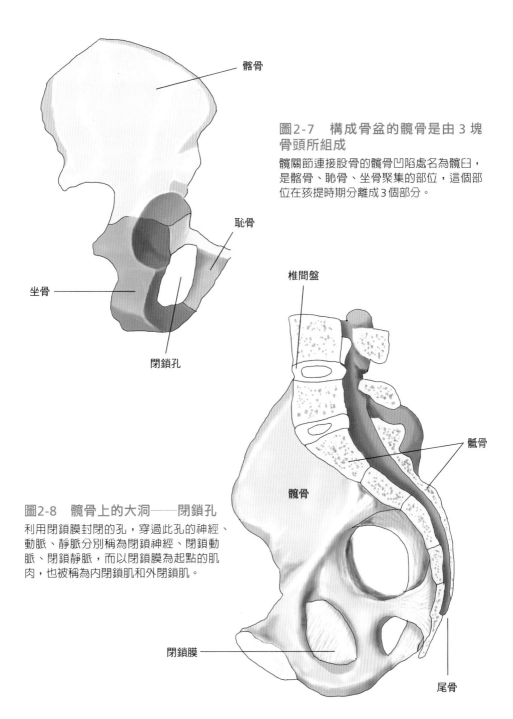

在大腿內側，這種疼痛稱為閉鎖神經痛，是閉鎖神經受到壓迫或拉扯等刺激，所引起的疾病。閉鎖神經穿過閉鎖孔，所以才會冠上「閉鎖」二字。同時，閉鎖動脈、閉鎖靜脈也會經過閉鎖孔。有些人會好奇，**孔道明明是敞開的，為什麼會變成閉鎖呢？**

這是因為骨頭上的孔雖然敞開，可是卻有一層膜封閉住孔道。那個膜稱為閉鎖膜，但並沒有完全封閉，仍保有讓血管和神經通過的縫隙。

2 久站也會導致痔瘡

1. 直腸和大腸不一樣？

直腸是大腸的一部分，是在骨盆內的後中央附近往下延伸的消化道末端，而直腸的出口就是肛門（見下頁圖2-9）。

肛門是消化道的出口，內側有直接接觸糞便的黏膜。可是，黏膜沒有延伸到臀部的孔，而是從孔的邊緣往內，緊貼在臀部的皮膚上面。**皮膚和黏膜之間的交界部分**稱為痔區，呈現隆起的輪狀。上方朝垂直方向隆起的黏膜呈現皺摺，被稱為肛柱，黏膜下方有特別發達的纖細靜脈，形成直腸靜脈叢，痔瘡之所以容易發生出血現象，就是這個原因。

2. 痔瘡的瘡是疣？

痔瘡是肛門的相關疾病之一（見圖2-10）。痔瘡最容易發生在長時間坐禪的和尚身上，甚至還有謠傳，因為痔瘡是寺廟裡常見的疾病，所以才會取成疒（ㄔㄨㄤˊ），再加上寺，變成痔。

痔瘡是因為便祕屏氣排便，導致腹壓升高，肛門靜脈回流受阻，肛門部分血液循環變差，造成瘀血或血管破裂出血，進而形成痔瘡。同時黏膜會膨脹，在肛門內側形成像疣（皮膚上突起的小肉瘤）一樣的病灶（疾病在身體組織中的發源處）。**如果長時間坐著或站立等維持相同姿勢，就會造成瘀血。**只要伸展腰部、稍微走一下，或改變姿勢、做

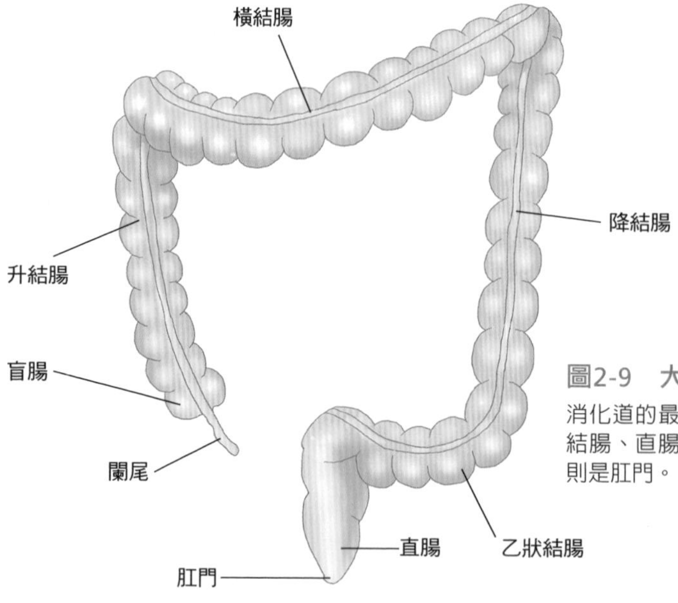

圖2-9　大腸的最後終點——直腸

消化道的最後部分——大腸，分成盲腸、結腸、直腸，直腸是消化道的終點，出口則是肛門。

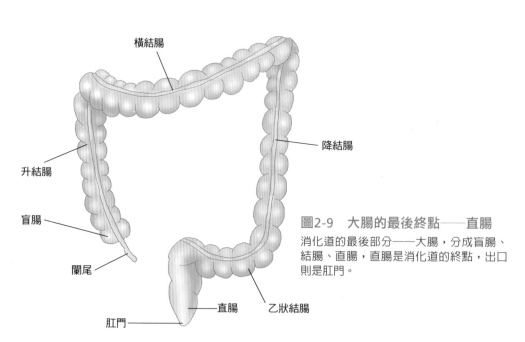

些簡單的運動，就可預防瘀血。

3. 兩種肛門括約肌的功能差異？

位於直腸出口的肛門括約肌有內外兩層。肛門內括約肌有和腸子相同的內臟肌，就算沒有意識，仍會靠自律神經的作用收縮臀部。相對之下，肛門外括約肌則是隨意肌，可以靠自己的意志收縮（見下頁圖2-11）。肛門內括約肌平時會緊閉肛門，當糞便從結腸移動到直腸（胃結腸反射），感受到便意後，就會放鬆肛門。於是，肛門外括約肌就會產生作用，縮緊肛門，避免糞便外漏。準備排便時，只要腹部用力擠壓，直腸就會產生推擠糞便的力量，肛門外括約肌就

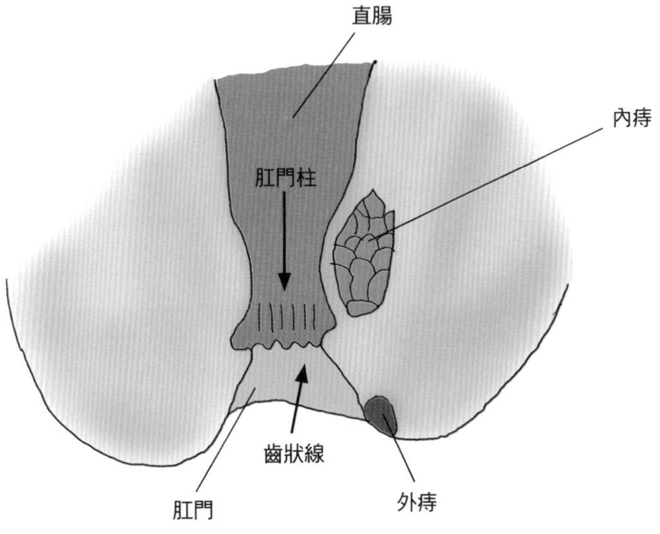

圖2-10 關於肛門的構造和痔瘡

痔瘡可大略分成在直腸內側形成的內痔，和在肛門側形成的外痔。

會放鬆，讓糞便從肛門排放出體外。

當人年老體邁，無法正常控制直腸和肛門內括約肌、肛門外括約肌的協調作業時，就會糞便失禁。

4. 內臟肌和隨意肌有什麼差異？

滷大腸顧名思義，就是指燉煮內臟的料理，入菜的種類相當繁多，包括牛或豬的小腸，還有胃、大腸、肝臟等，依地方文化而有所不同。日式串燒中也有雞心、豬胃、豬生腸（子宮）等，很多內臟都是餐桌上的美食。這些內臟的壁也是肌肉，被稱為內臟肌。不同於二頭肌、小腿肚等手腳部分的肌肉。因為手腳部分的肌肉是用來活動關節，並且

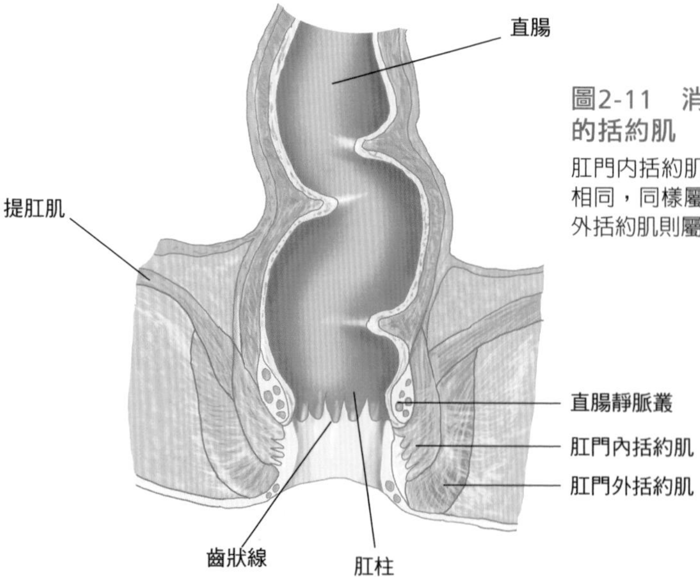

圖2-11　消化道的出口、位於肛門的括約肌

肛門內括約肌和消化道壁上的多數環走肌相同，同樣屬於不隨意肌的內臟肌，肛門外括約肌則屬於隨意肌。

附著在骨頭上面，所以被稱為骨骼肌。

骨骼肌（橫紋肌）是可以依照個人意志活動的隨意肌，內臟肌（平滑肌）則不會照著意志活動，而是在條件反射下產生動作，由自律神經支配的不隨意肌也包含在內。

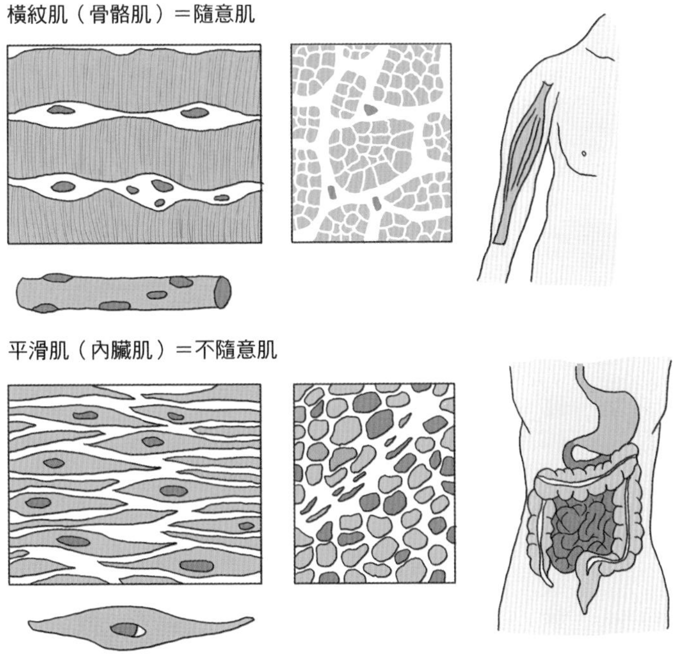

圖2-12　骨骼肌和內臟肌的肌肉組織差異

骨骼肌是由橫紋肌纖維構成，受軀體神經支配的隨意肌，內臟肌是由平滑肌纖維構成，受自律神經支配的不隨意肌。

3 憋很多尿時，想像膀胱壁六層剩一層的樣子

1. 憋尿，讓膀胱破裂？

憋尿不會讓膀胱破裂。如果在膀胱裝滿尿液時，發生下腹部遭外力踹踢，或是摔倒碰撞到堅硬物體等非預期的外力碰撞，就容易破裂。

膀胱是囤積尿液的袋狀器官，一般容量是四百毫升，但最大容量可達到八百毫升左右。由黏膜、平滑肌、漿膜構成的膀胱壁（見圖2-13），就像橡膠氣球，會隨著尿量增加而變薄（按：攝護腺腫大阻住尿道時，患者膀胱積尿可達一千至兩千毫升）。

例如，最內側的黏膜由移形上皮構成，沒有尿液的時候大約是四至六層，之後會隨著尿液的囤積而伸展，在尿液呈現多量的狀態下，會變化成一至二層。尿液囤積越多，膀胱壁就會變得越薄，可能因非預期的外力而導致破裂。

2. 哪種性別容易罹患尿道炎？

女性容易罹患尿道炎。因為棲息在腸道的細菌等病菌，會從肛門轉移到尿道，進而引起發炎。女性的尿道外口就在肛門附近，男性的尿道外口在陰莖前端，距離肛門較遠，所以細菌轉移到尿道的機率較少，因此，引起尿道炎的機率，也會比女性低上許多。

另外，尿道長度也有性別差異，女性的尿道長度僅有三至四公分，男性經由陰莖延伸的尿道長度，達十六至十八公分（見下頁圖2-14）。因此，女性尿道炎患者多半都會併發膀胱炎，而男性尿道炎患者，因為尿道口距離膀胱較遠，所以幾乎不會併發。

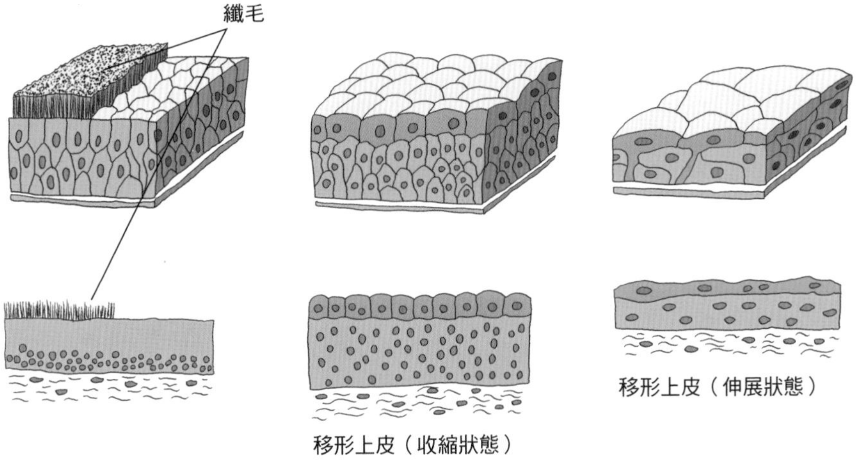

圖2-13　各種上皮組織之一的移形上皮

構成皮膚及黏膜等的上皮組織有各種種類，能夠依照功能改變厚度等型態的上皮組織，就是移形上皮。

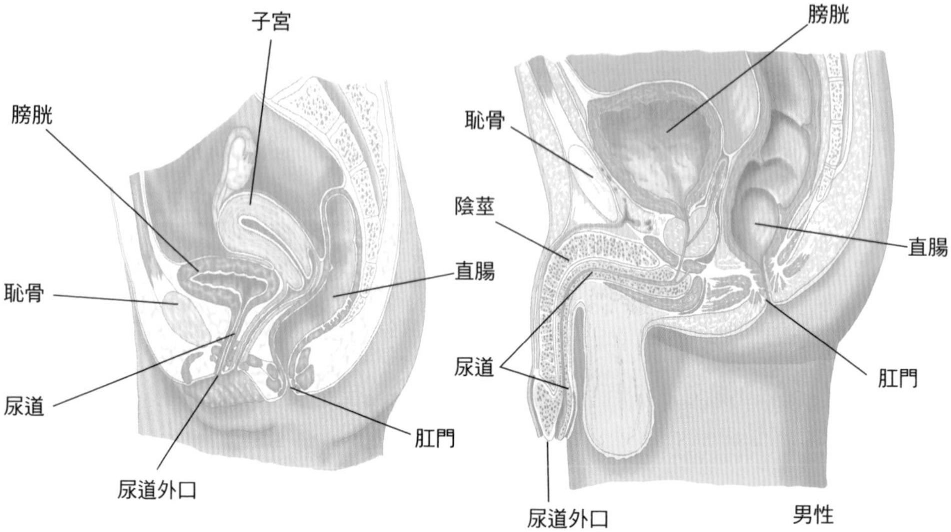

圖2-14　男女的尿道長度不同

女性（左圖）的尿道出口位在兩腿之間的會陰，相對之下，男性（右圖）的尿道外口則位在陰莖的前端，此外，經過陰莖內的尿道長度也比較長。

4　每個蛋蛋各有八百條管子

1. 年邁的男性排尿困難，是因為什麼肥大？

攝護腺。攝護腺肥大會有尿流細弱、久站不尿、排尿時必須用力，或是頻尿等症狀。以男性的情況來說，從膀胱延伸出來的尿道會直接貫穿攝護腺。

所謂的攝護腺是男性的生殖器官，是位在膀胱正下方、大小如栗子般的分泌腺（見下頁圖2-15）。攝護腺會在射精時，會分泌活化精子且帶有腥味的鹼性分泌液。負責運送此分泌液的攝護腺管有十五至二十條，而攝護腺中央，則會敞開一條供尿道通行的通道（按：攝護腺液占精液二〇％至三〇％，功能可能是維護精子活動力與免於尿道感染）。

攝護腺會隨著年齡增長產生生理變化，高齡者就經常因為攝護腺肥大，壓迫到貫穿內部的尿道，而引起尿道狹窄或排尿困難的問題。

2. 輸精管連接到哪裡？

輸精管連接尿道。陰囊內、體腔外都有副睪，連接副睪管的輸精管，是精子的運送通道，且會經由雙腿內側名為腹股溝管的空間，進入腹部。接著從膀胱的上方繞到膀胱後方，抵達攝護腺。在快抵達攝護腺之前，輸精管會擴大，形成輸精管壺腹。這條輸精管及輸精管壺腹也是貯藏精子的場所。

位在膀胱下方的攝護腺，是直徑約四公分的細長肌肉性器官。從膀胱連接出來的尿道，會從攝護腺的中間貫穿，而接續輸精管的射精管，則開口於尿道（見圖2-16）。

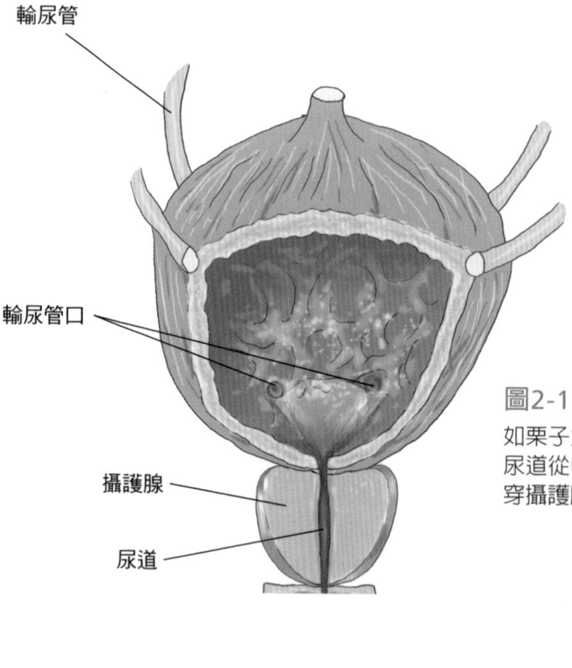

圖2-15　位在膀胱下方的攝護腺
如栗子大小的攝護腺位在膀胱的正下方，尿道從中央貫穿。攝護腺管的出口位在貫穿攝護腺的尿道。

3. 睪丸沒有在陰囊裡面？

陰囊是男性兩腿之間、下腹部的皮膚延展形成的囊袋，裡面有兩顆卵圓形的器官，就是生成精子的睪丸。陰囊的皮膚沒有皮下脂肪，完全靠平滑肌層的伸縮來調節溫度。

在胎兒時期，睪丸位在腹部裡、腎臟的下方。睪丸會生成精子，可是如果睪丸裡的溫度，沒有低於體溫攝氏二至三度，就無法順利生成精子。因此男性在出生的時候，睪丸就必須離開腹部，下降到體溫比體內略低的陰囊裡面。這種發育過程稱為睪丸下降（見下頁圖2-17），這個時候，有時會出現睪丸停留在原地，導致陰囊內沒有睪丸的情況。

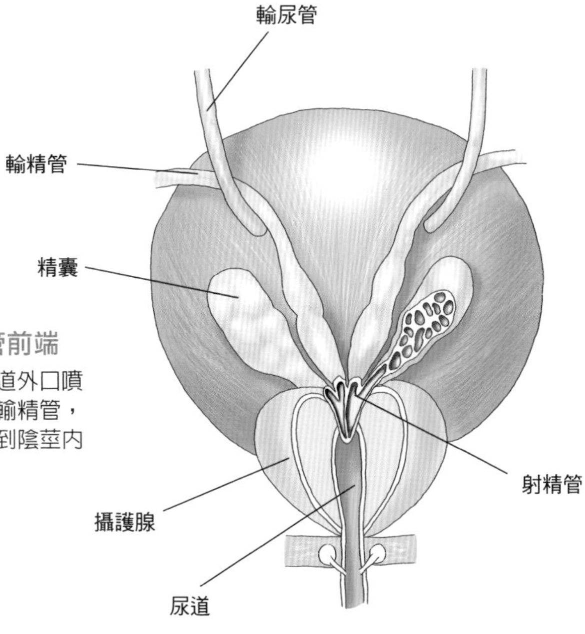

圖2-16　運送精子的輸精管前端

射精時，精子會從陰莖前端的尿道外口噴出。在睪丸生成的精子會先經過輸精管，再從攝護腺內的尿道開口，流進到陰莖內的尿道。

這種現象稱為睪丸下降不全，平均約有三%至五%的新生兒會發生這種現象，屬於男性生殖器異常中最常見的疾患。

4. 脫腸也算疝脫嗎？

說到疝脫，最常聽到的是椎間盤疝脫。疝脫（Hernia）在拉丁語中代表脫落、位移的，當器官經由縫隙，從原本應有的位置跑到其他位置時，就會稱為疝脫（疝氣）。例如，腸道等腹部內臟應該收納在腹肌壁內，所以內臟跑到腹部以外的場所，或腸子位移（脫腸），都屬於疝脫。

當腸子跑到雙腿內側附近時，稱為腹股溝疝。大腿的根部附近有個管狀的

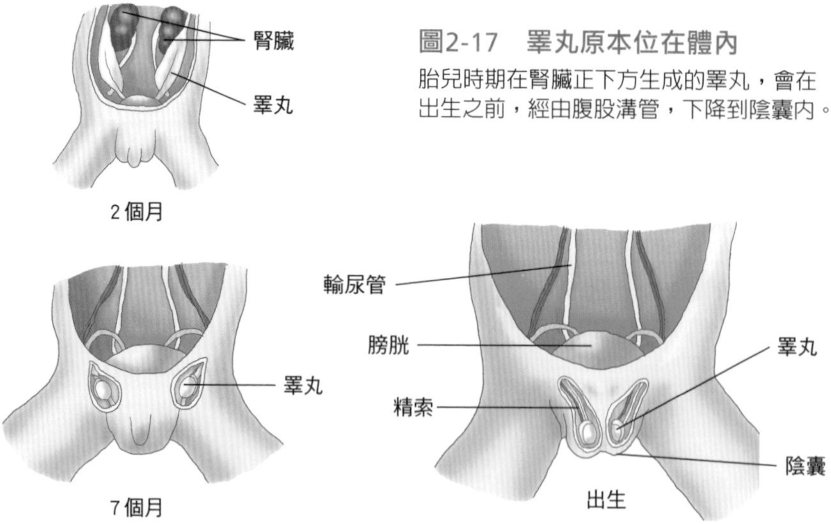

圖2-17　睪丸原本位在體內

胎兒時期在腎臟正下方生成的睪丸，會在出生之前，經由腹股溝管，下降到陰囊內。

空間，那是為了讓胎兒時期在腹部裡的睪丸，下降到陰囊用的通道，稱為腹股溝管（見圖2-18）。經由腹股溝管所造成的脫腸，就稱為腹股溝疝。

5. 睪丸裡面有八百條管子！

陰囊裡面有生成精子的睪丸，俗稱「蛋蛋」。睪丸的裡面布滿了管子，稱為曲細精管或生精小管（見下頁圖2-19），精子會從曲細精管的管壁生成。

曲細精管呈纖細的捲曲狀，光是單邊的睪丸就有八百條左右的曲細精管。一條曲細精管的長度約八十公分，所以加總起來的總長度約達六百四十公尺。

曲細精管會呈現U字形，最後形成

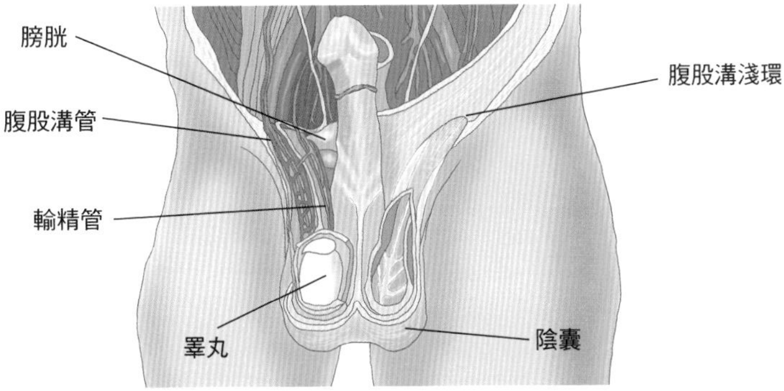

圖2-18　睪丸下降時的通道——腹股溝管

雙腿內側的鼠蹊部有連接腹腔和皮下的腹股溝管，男性的精索、女性的子宮圓韌帶會通過這裡。

一條直精管，並且在末端相連，形成網狀的睪丸網。睪丸網上有十五至二十條輸出小管（從睪丸運送精子的小管），連接延伸到睪丸外面。

睪丸的上方到後方的部分，被稱為副睪，是管子進入的器官，輸出小管和副睪內的副睪管相連。副睪管是呈捲曲狀、長約七公尺的細管，在副睪下方的尾端與輸精管連接。

6. 圍繞著卵子的精子數量眾多，通常大約有幾個？

卵子排出（排卵）後，卵子會移動到輸卵管壺腹，而來到卵子周圍的精子約有一百隻左右（見圖2-20）。可是，只有一隻精子能夠使卵子受精。

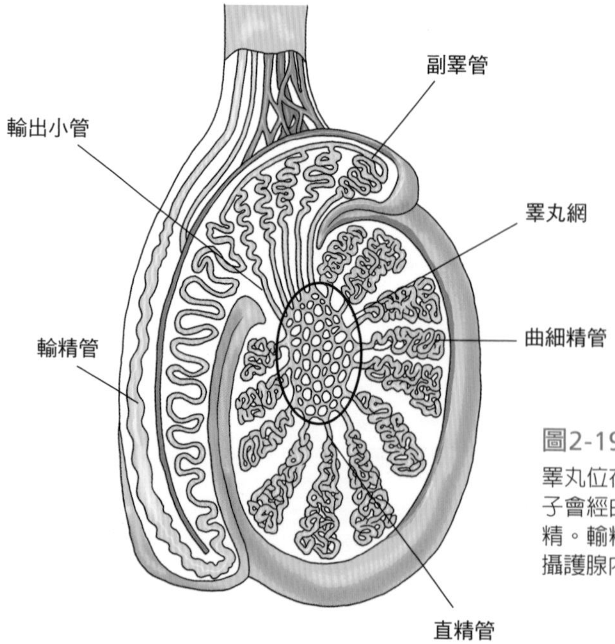

圖2-19　睪丸內井然有序的管子

睪丸位在體外的陰囊內，睪丸生成的精子會經由輸精管、尿道，從尿道外口射精。輸精管經由腹股溝管進入體內，與攝護腺內的尿道相連。

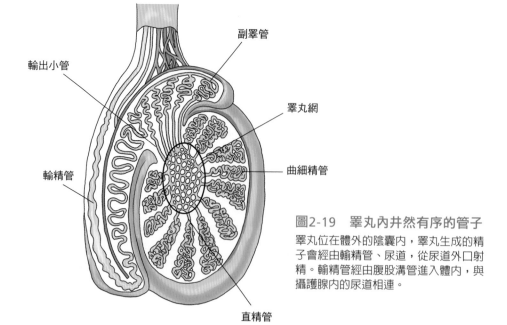

當卵受精後，卵母細胞的細胞膜會產生變化，使其他精子無法受精。明明來到卵子身邊的精子多達一百隻，卻有九十九隻精子無法完成任務。可是，來到卵子身邊的一百隻精子也不容易，因為他們是一萬隻中的一百隻。

通常在一次射精中，被射進陰道內的**精液約含有兩億隻精子**。其中，穿過子宮來到輸卵管的精子大約是一萬隻，而其中**僅有一百隻精子能夠順利抵達輸卵管壺腹**。

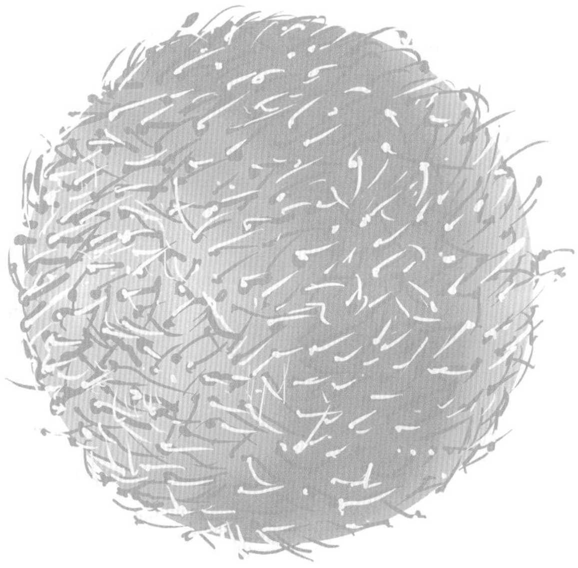

圖2-20　圍繞著卵子的一百多隻精子

卵子從任一邊的卵巢排出一個，精子則有多達 2 億隻被射精到陰道內。可是，其中僅有一百多隻能夠抵達輸卵管壺腹。

5 孩子在子宮裡真的會頂到媽媽心窩

1. 子宮壁的血管呈螺旋狀

受精卵剛開始只有〇．一至〇．二公釐，四個月後成長至十六公分，十個月後變成五十公分，胎兒會像這樣在子宮內慢慢成長。

子宮在骨頭包圍的骨盆裡面，因為骨盆腔並不大，所以胎兒最後會被推擠到，沒有骨頭包圍的腹部。

女性懷胎四個月時，下腹部會突起，九個月時，子宮的上緣部分會延伸到心窩附近，所以肚子會變得相當大。隨著胎兒的成長，孕育胎兒的子宮也會逐漸變大，沿著子宮壁生長的血管，也會跟著子宮壁的伸展而被拉扯。子宮壁的血管之所以像吹風機的電線那樣，呈現螺旋狀（見圖2-21），就是為了在未來孕育胎兒所做的準備。

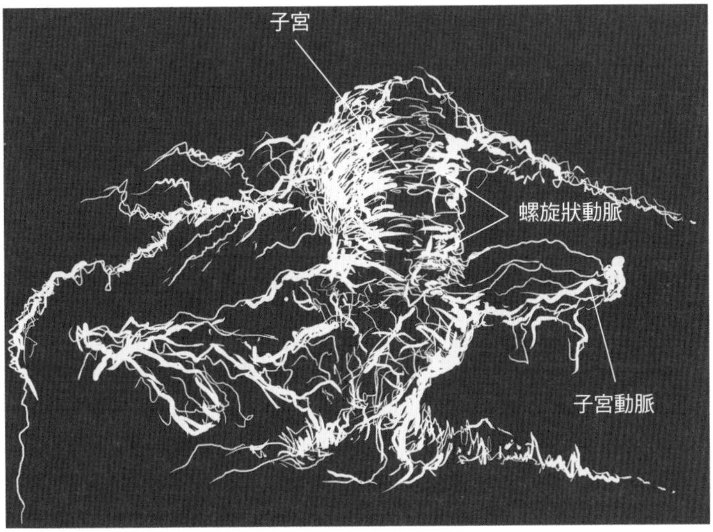

女性生殖器的動脈造影（前後方向）圖

圖2-21　子宮壁上分布的螺旋狀動脈

懷孕後，子宮會隨著胎兒的成長逐漸變大，為了做好孕育胎兒的準備，子宮壁上的動脈呈螺旋狀分布。

2. 排出的卵子只有一個，那原始濾泡有多少個？

原始濾泡的數量相當驚人，據說出生時多達兩百萬個。然後，在可生殖的思春期會減少為三十萬至四十萬個。

依照月經週期，每個月約有十五至二十個濾泡（按：生長於卵巢之中的細胞聚合體。每個濾泡都一個卵母細胞，也就是卵子的原形）成熟。最後，只有一個會成為葛蘭氏濾泡（成熟濾泡），並將一個卵子排放到輸卵管內（發育過程見圖2-22）。月經週期是二十八天，所以一年會有十三次排卵。如果以十二歲迎接初潮，五十歲左右停經來計算，女性一生會排出約五百個左右的卵子。

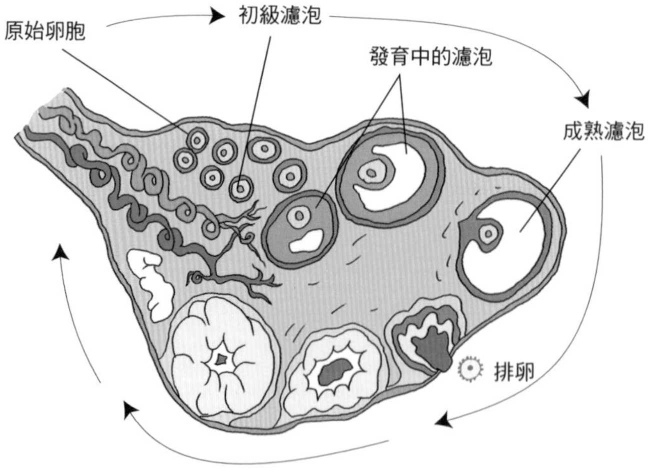

圖2-22　卵巢內的卵子原貌

出生時早已經有的原始濾泡，在排卵之前的發育模式圖。

原始濾泡在思春期時，原本有三十萬至四十萬個，在每次排卵後，會逐次縮減一千至數百個，停經後，卵巢內的卵子就會變成零。

3. 女性也有腹股溝管

睪丸經由腹股溝管下降至陰囊，由輸精管和睪丸動、靜脈構成的精索也會通過腹股溝管。

但不只男性，女性也有腹股溝管。女性的腹股溝管內，有名為子宮圓韌帶（見圖2-23）的繩狀器官通過。就如名稱所顯示，子宮圓韌帶和子宮有關。

子宮在骨盆內前傾，而子宮圓韌帶就是用來固定子宮位置的裝置之一。子

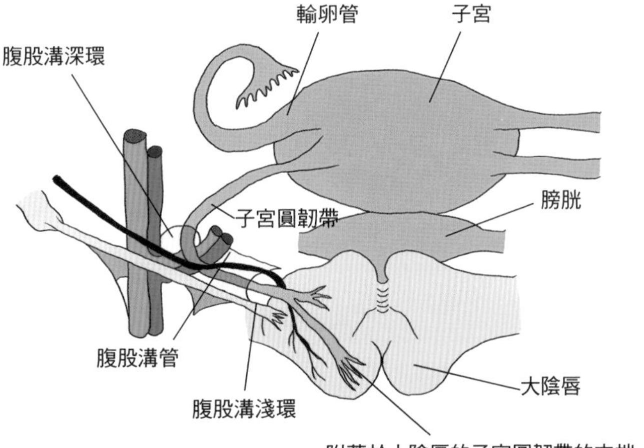

圖2-23　穿過女性雙腿內側的腹股溝管的子宮圓韌帶

女性雙腿內側的鼠蹊部也有腹股溝管，而穿過該處的器官稱為子宮圓韌帶，用來固定子宮位置，最後在大陰唇分散終止。

宮圓韌帶從子宮的外緣開始往前，經由腹股溝管來到骨盆外面，最後在大陰唇的皮下組織分散終止。

4. 男性沒有的洞？

不論性別人都有兩個洞，分別是尿道外口跟肛門。此外女性還有陰道口（見圖2-24）。這是胎兒出生時的產道出口，裡面是有彈性肌肉的陰道。陰道從子宮口通往子宮腔，子宮壁的子宮內膜會隨著月經週期脫落，並排出經血，所以陰道也是排出經血的通道。

陰道口和陰道是性交器官，性交時男性會把陰莖放入陰道裡並射精，讓卵子得以受精，這就是入口的功能。

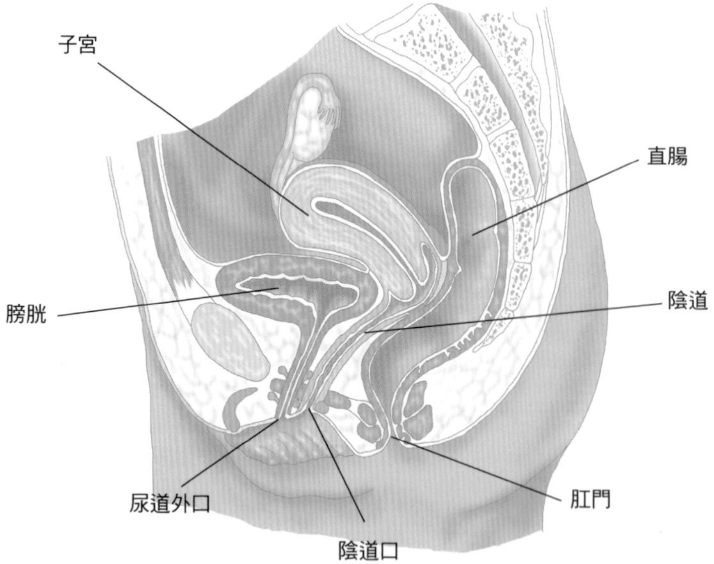

圖2-24　陰道口位於女性的會陰部，男性所沒有的洞

陰道口是連接子宮腔的陰道出入口，介於尿道外口（第 1 個洞）和肛門（第 2 個洞）之間，是女性才有的第 3 個洞。

解惑時間：椎骨之大人的尾巴怎麼消失的？

類人猿動物（如黑猩猩、紅猩猩）跟人類都沒有尾巴。可是，其實人類在從受精卵開始生長的胚胎時期，是有尾巴的，只是尾巴隨著胎兒成長而逐漸被吸收。所以，雖然人類看起來沒有尾巴。可是，就骨骼本身來說，還是有相當於尾巴的部分存在。

當人摔倒、屁股著地時，會說：「好痛！撞到尾椎骨了。」這裡的尾椎骨就是指尾巴的骨頭。就跟狗或貓的尾巴一樣，人的尾骨是骨幹的一部分。

以成人來說，骨幹、脊柱是由二十六個圓柱狀的骨頭（椎骨），上下重疊成柱狀。不過，上下的骨頭沒有直接重疊，而是隔著圓板狀的軟骨——椎間盤。

椎骨依各部位命名，由上往下依序為頸椎（七個）、胸椎（十二個）、腰椎（五個）、薦骨（一個）、尾骨（一個）。在成長期，薦骨和尾骨分別是五個由椎間盤構成的薦椎，和三至五個由椎間盤構成的尾椎。成人之後，軟骨會變成骨頭，進而連結成一個骨頭。薦骨和尾骨會成為骨盆的一部分，薦骨從腰部開始，順著臀部的曲線彎曲；尾骨則在臀部下方、肛門後面的凹陷處，也就是屁股著地摔倒時會碰撞到的地方，因此，人類才沒有尾巴。

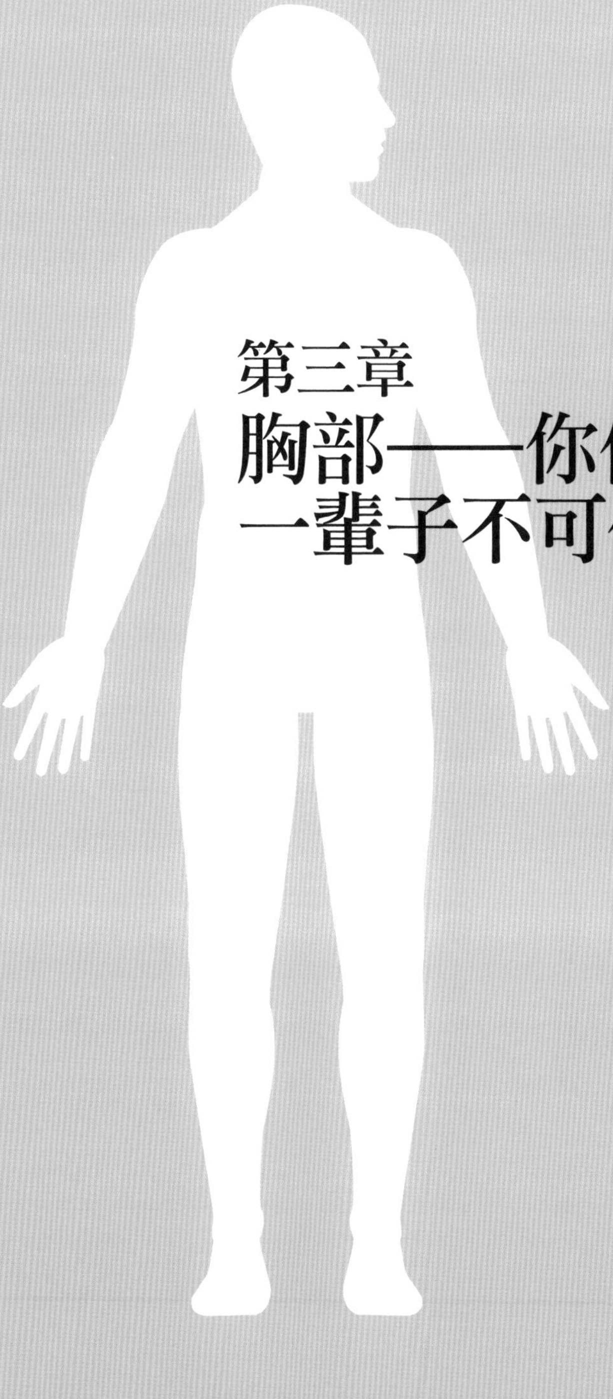

第三章
胸部——你休息，他們一輩子不可休息

1 心臟有氧運動少不了冠狀動脈、肺靜脈

1. 動脈並非只會運送乾淨的血液

心臟是抽吸、擠壓血液的幫浦。把血液抽進心臟的血管是靜脈，擠壓出血液的血管則是動脈。

血液能搬運身體需要的氧氣和營養素，以及不需要的二氧化碳及老廢物質。人吸氣時，把空氣吸進肺裡，氧氣會滲進血液裡面；吐氣時，則是利用肺部把血液裡的二氧化碳排出。**全身含有二氧化碳的血液，會經由大靜脈回到心臟，再從心臟被往外擠壓，透過肺動脈被運送到肺部**。二氧化碳回到肺部後，會隨著吐氣被排出體外（見圖3-1）。

2. 心臟分成幾個房室？

在肺部交換氣體且含有較多**氧氣**的乾淨血液，被送到全身之前，**會經由肺靜脈**回到

心臟。心臟會把返回的血液擠到動脈，把血液運送到身體各處。

心臟分成連接靜脈、並存放回流血液的心房，以及從心臟把血液擠到動脈的心室。

經由大靜脈從全身流回的血液，含有較多的二氧化碳，而來自肺部、含有較多氧氣的血液，則經由肺靜脈流回心臟。為避免不同的血液混合在一起，心房又以心肌隔成左、右心房，而連接動脈的心室也有左右之分，所以心臟共分成四個房室（見下頁圖3-2）。

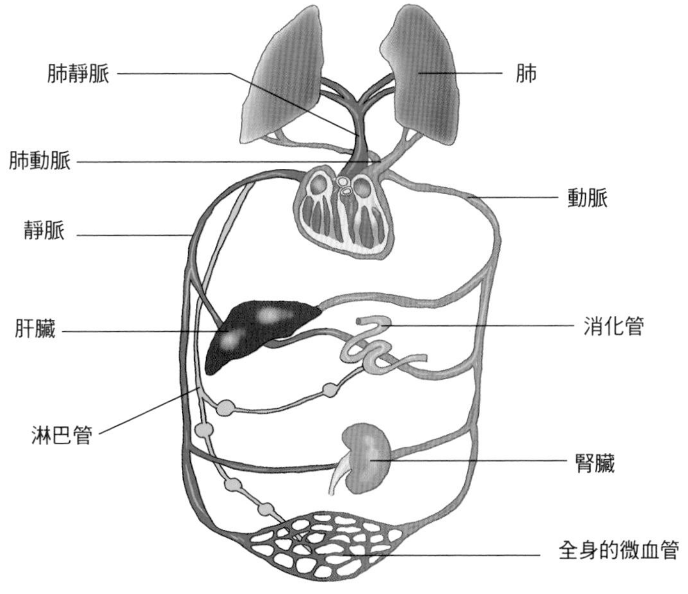

圖3-1　運送氧氣和營養素、二氧化碳和老廢物質的血液循環路徑

2 種不同的循環路徑，分別為血液在心臟、肺動脈、肺、肺靜脈之間流動的肺循環，以及血液在心臟、大動脈、全身各器官、大靜脈之間流動的身體循環。

3. 心臟有幾個瓣防止血液逆流？

來自全身的靜脈血，會透過大靜脈來到右心房，穿過右房室口到右心室，再經由肺動脈前往肺部。在肺部交換二氧化碳和氧氣的動脈血液，會透過肺靜脈流到左心房，再穿過左房室口到左心室，最後再經由大動脈流到全身。這就是血液的流動路徑。

心室會把血液擠壓到動脈，這時，心房的入口如果敞開，血液就會逆流到心房。因此，房室口有左房室瓣（二尖瓣）和右房室瓣（三尖瓣）。若為了把血液從心房抽吸到心室內而放鬆心肌，那麼從心室出口擠壓到動脈的血液，就會逆流。因此，作為出口的肺動脈口有

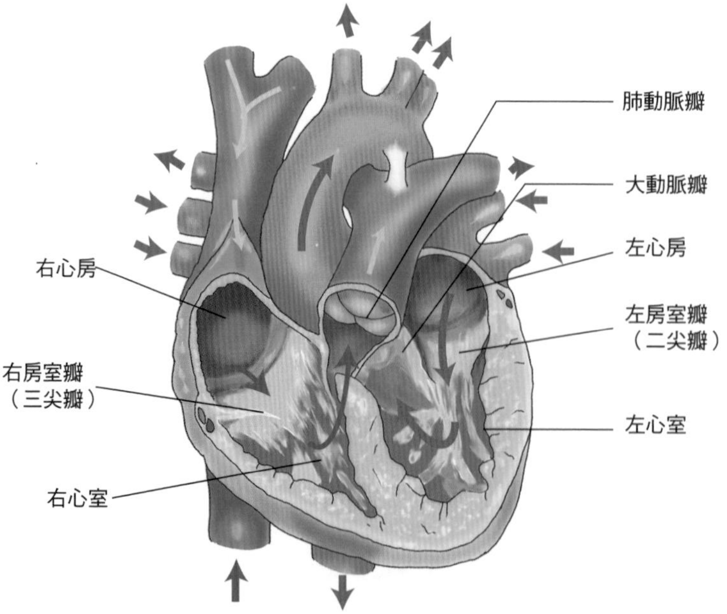

圖3-2　被分成4個房室的心臟

心臟被分成 4 個房室，右心房連接上、下大靜脈、右心室連接肺動脈、左心房連接肺靜脈、左心室連接大動脈。

肺動脈瓣，而大動脈口則有大動脈瓣。也就是說，心室的出入口有四個瓣防止血液回流（見圖3-3）。

4. 心臟的滋養動脈也是大動脈的分枝？

從左心室擠壓出的血液，負責提供營養和氧氣給心臟壁的心肌細胞。從大動脈口延伸出來的大動脈，其根部分出的第一條分枝，就是通往心肌的滋養動脈，因為這條動脈覆蓋在心臟表面，所以被稱為冠動脈（冠狀動脈，其位置見下頁圖3-4）。

如果膽固醇堆積在冠動脈的血管壁上，就會導致動脈硬化，進而造成狹心

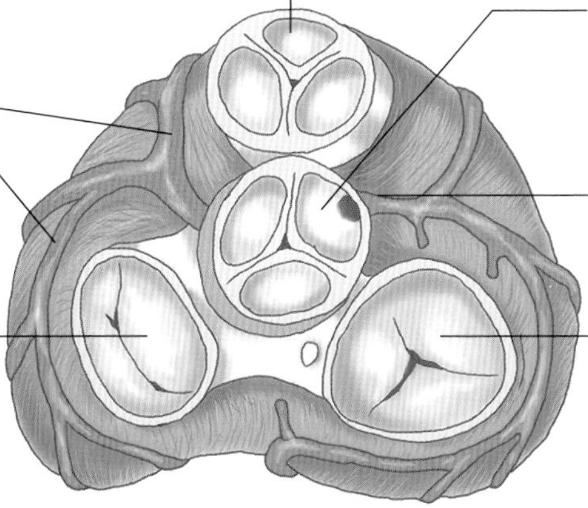

圖3-3　位在心臟4個位置的防逆流瓣

心臟有 4 個瓣，分別是位於心房到心室的入口，也就是房室口的房室瓣（三尖瓣和僧帽瓣），以及位在連接心室的動脈口的動脈瓣（肺動脈瓣和大動脈瓣）。

症或心肌梗塞。在現代要治療冠動脈堵塞，會使用氣球擴張術。因為冠動脈是大動脈的分枝，所以可以從更前端的根部或手腕、手肘等部分的動脈，把直徑兩公釐左右的導管插入冠動脈。只要把裝在導管前端的氣球（球囊），推入至冠動脈變狹窄的位置，再將氣球充氣以擴大狹窄部位，就可以消除堵塞問題。

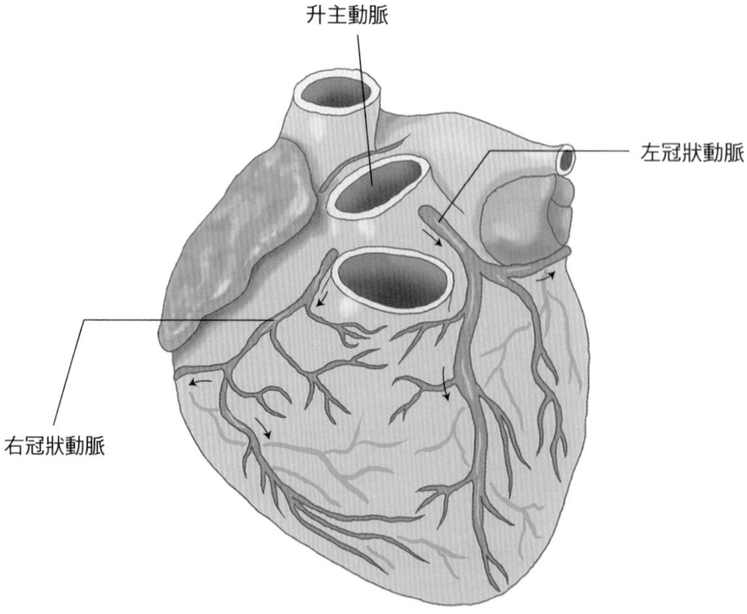

圖3-4　運送氧氣和營養給心肌的冠（狀）動脈

右冠（狀）動脈和左冠（狀）動脈，是從連接左心室的升主動脈的根部往左右分枝，呈冠狀遍布在心臟表面，運送氧氣和營養給心肌的滋養動脈。

2 動脈怕粥腫，靜脈怕曲張

1. 除了手腕以外，其他地方也有脈搏嗎？

心臟會把血液送到動脈，同時使動脈產生脈動（脈搏）。試著把手指放在手腕上感受脈搏，慢慢往上抬起，會逐漸感受不到脈搏。

這是因為脈搏上面覆蓋肌肉等組織，從皮膚表面是觸摸不到的。如果動脈斷裂，會造成大量出血。因此，動脈不是在皮膚的下方，而是在覆蓋著肌肉或骨頭、內臟等組織的深處（見下頁圖3-5）。

就算如此，在手腕上只有纖細肌腱覆蓋的部位，還有手腕上面、手肘內側、大腿內側等部位，仍然可以從皮膚上面感受到脈搏。

2. 當動脈阻塞，就會發生心肌梗塞、腦梗塞

膽固醇或脂肪，有時會呈現像白粥的柔軟粥糊狀，滯留在動脈管壁（其結構見圖3-6）的內膜，稱為粥樣斑塊（粥腫）。粥樣斑塊一旦變大，血管就會變狹窄，使血液的流通性變差，只要血管稍微收縮，血流就會停止。

動脈內的血液會負責運送氧氣和營養，如果冠動脈或內頸動脈產生粥樣斑塊，心臟或大腦就會出現異常。粥樣斑塊破裂後會形成血塊，因像栓塞般塞住血管，所以就稱為血栓，如果血栓造成血流完全停止，就會引起心肌梗塞或腦梗塞。

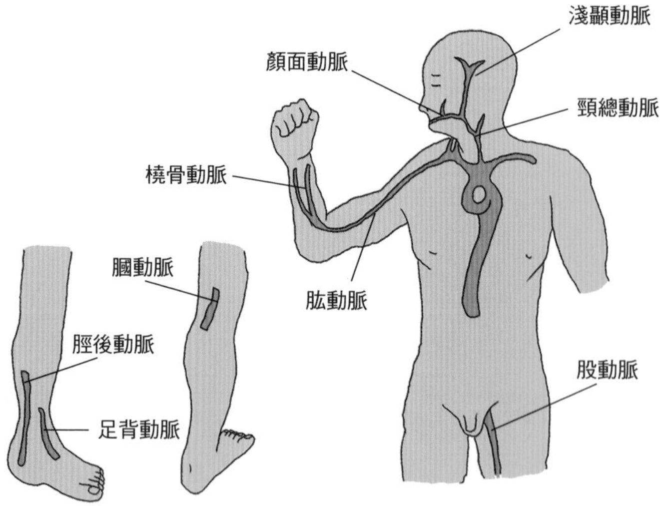

圖3-5　身體各處可以測到脈搏的動脈

心臟擠壓出的血液所通過的動脈，多半都分布在比較不危險的深處，不過，還是有幾個位在淺處，可以感測到脈動的部位。

3. 門脈是血管，但它是動脈？還是靜脈？

所謂的門脈，是把從胃部或腸道等消化道送回的血液，匯集到一條靜脈，再送到肝臟，因此門脈屬於靜脈（見下頁圖3-7）。

從腹主動脈分枝的動脈進入胃部或腸道之後，會形成微血管，其中，小腸絨毛中的微血管會吸收蛋白質和醣質。**吸收營養的微血管，變成靜脈離開小腸之後，不會直接流進大靜脈，而是匯集成一條門脈進入肝臟內，最後從肝靜脈**離開肝臟，進入下腔大靜脈。

也就是說，門脈與氣體有關，裡面的血液，含有大量來自於小腸等部位的

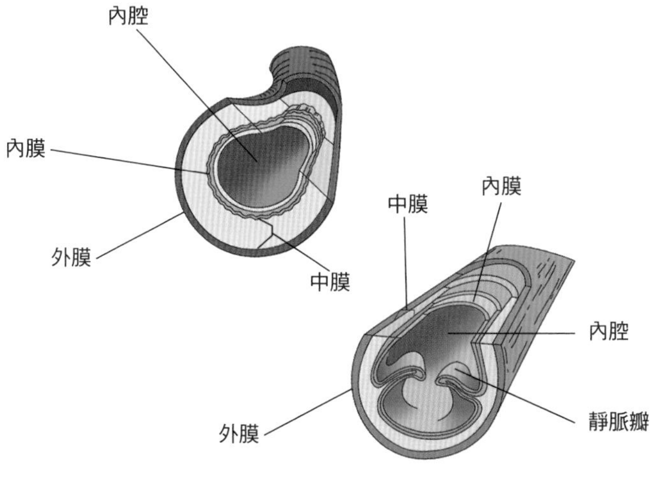

圖3-6　動脈和靜脈的管壁結構

不論動脈或靜脈，管壁都是由內、中、外 3 層所構成。內層是接續心內膜的內膜，由內皮細胞和結締組織構成，靜脈部分則有呈現半月狀的靜脈瓣。

二氧化碳。此外，門脈裡的血液，含有在小腸等部位吸收的營養素。

4. 浮起的血管中，中途的凹凸隆起是什麼？

只要把手往下擺放，就可以看到從手背延伸至手腕的血管。這是抽血或打點滴時使用的血管，稱為皮靜脈（見圖3-8）。浮現的皮靜脈中途可以看到凹凸的隆起，也就是瓣膜。

靜脈和動脈相同，同樣有三層血管壁，可是，兩者仍有不同之處。例如靜脈少了中膜的平滑肌層，較欠缺彈力，所以有較多血液流入靜脈時，靜脈血管就會因擠壓而擴張，在皮膚底下浮現。

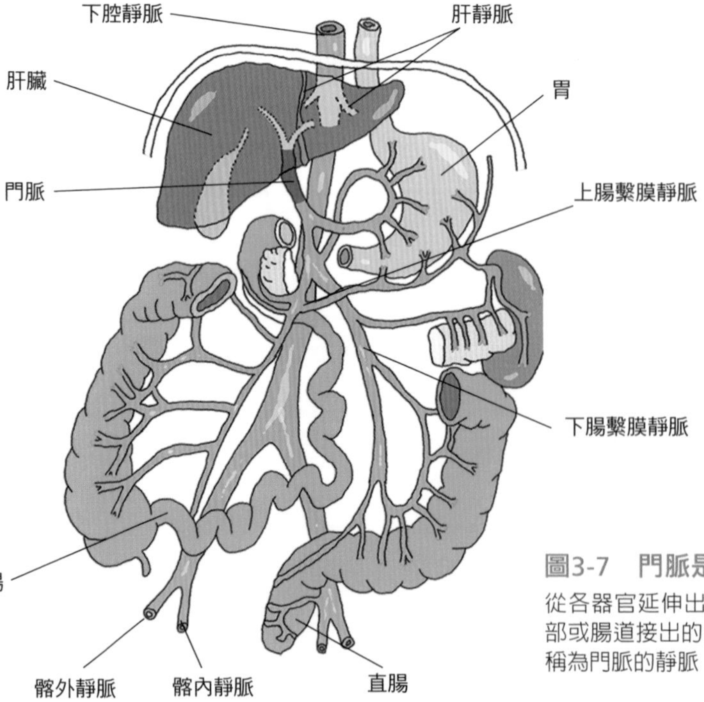

圖3-7 門脈是靜脈的一種

從各器官延伸出的血管是靜脈，而從胃部或腸道接出的靜脈會匯集成 1 條，被稱為門脈的靜脈，從肝門進入肝臟。

此外，因為血朝向心臟流動，所以當血流動位置高度低於心臟時，血液就會逆流，因此，靜脈才會有防止血液逆流用的瓣膜。靜脈瓣呈袋狀，開口朝向心臟端。血液開始逆流時，會堆積在袋狀裡，當袋狀膨脹，就會啟動瓣膜的作用。由於靜脈的血管壁沒有彈性，所以當血液在袋狀裡囤積太多，血管壁就會向外膨脹，皮膚上浮現出的血管，就會出現凹凸隆起的現象（按：如果靜脈血管內的血，因靜脈壁太沒彈性或瓣膜脆弱，而使血液蓄積，無法流回心臟，就稱為靜脈曲張，俗稱靜脈瘤）。

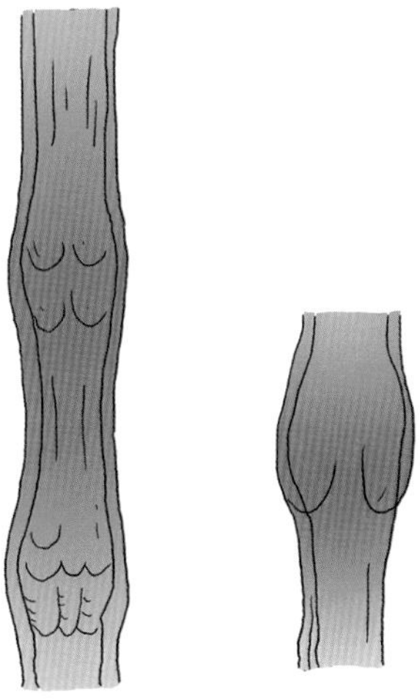

剖面　　外形

圖3-8　在皮膚底下浮現的皮靜脈

皮靜脈是在某些皮下脂肪的皮下部分格外醒目的靜脈。皮靜脈的靜脈瓣相當發達，只要把手臂朝下擺放，就可以看到皮靜脈隆起。

3 被誤解的淋巴，過濾病菌的關卡

1. 淋巴是什麼？

血液含有氧氣和營養素等物質，從左心室出發，在動脈流動。動脈分枝後，會變成微血管，而血液裡的物質，會從血管壁釋放到血管外。血管外面有製造組織的細胞聚集，同時，**細胞和細胞之間還有間質液**流動。間質液會在細胞之間進行物質交換，而間質液內的二氧化碳、老廢物質或不要的水分會進入微血管，經由靜脈回到心臟。

從間質液送回到微血管的物質約有九〇%，剩下的一〇%則會進入微淋巴管（見圖3-9），就是淋巴（淋巴液）。

2. 淋巴系統是什麼系統？

淋巴通行的淋巴管以盲端為起點，不同於血管系統中動脈分枝的微血管。不過，就像微血管匯集成靜脈，然後運送血液，微淋巴管也會匯集成較粗的淋巴管，進行淋巴（淋巴液）的運送。

血管系統的靜脈分成兩個系統：收集，並且運送上半身血液的上腔靜脈，以及來自下半身的下腔靜脈；而淋巴系統的**淋巴管也分成兩個系統**：收集右上半身淋巴的右淋巴導管，以及收集左上半身和下半身所有淋巴的胸導管（見下頁圖3-10）。

3. 淋巴的終點是哪裡？

靜脈系統的上腔靜脈、下腔靜脈，最後會通往右心房，將血液送回心臟。而**淋巴的終點也是心臟**。右淋巴導管，

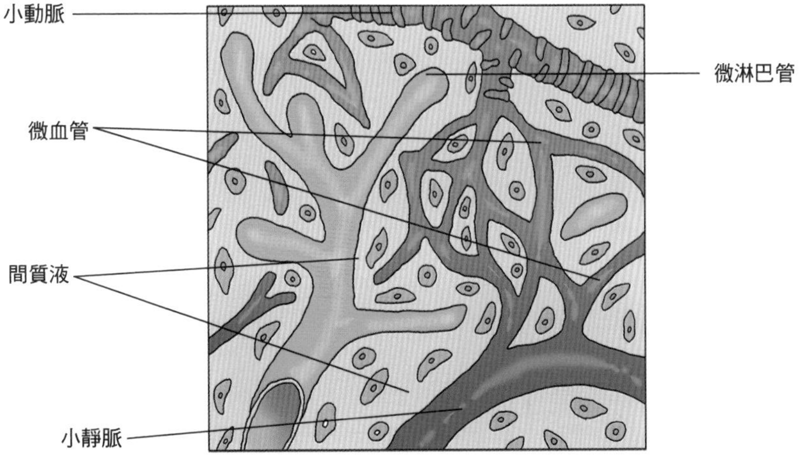

圖3-9　間質液和微血管、微淋巴管

在血管內流動的血液從微血管的管壁滲出液狀成分，形成間質液。間質液會和細胞進行物質交換，並且再次滲入微血管和微淋巴管。

會在右靜脈角與靜脈匯流，另一方面，胸導管會在左靜脈角匯流於靜脈。上腔靜脈主要是匯集頭頸部和上肢的靜脈，最後形成一條大靜脈，而右邊的頭肱靜脈和左邊的頭肱靜脈也會匯流在一起。

右頭肱靜脈是由來自於頭頸部右邊的右內頸靜脈，和來自於右上肢的右鎖骨下靜脈匯流而成，匯流處的角就稱為右靜脈角。左靜脈角則是左內頸靜脈和左鎖骨下靜脈匯流而成（見圖3-11）。

淋巴管的導管會在左、右靜脈角上匯流，而淋巴液則流進靜脈內的血液，接著流向心臟。

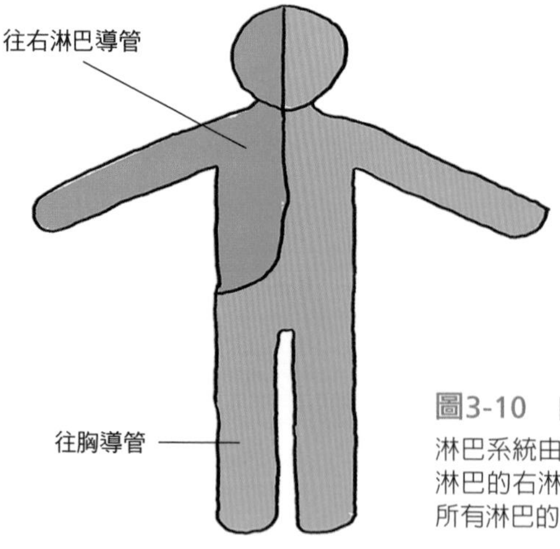

圖3-10　由兩個系統構成的淋巴系統

淋巴系統由兩個系統構成，分別是收集右上半身淋巴的右淋巴導管，以及收集左上半身和下半身所有淋巴的胸導管。

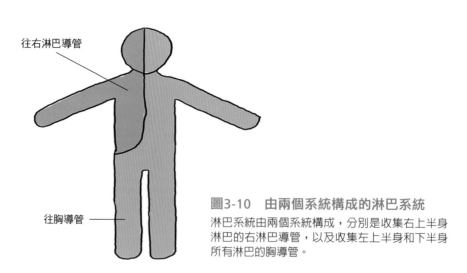

4. 淋巴腺不是「腺」

因感冒而喉嚨腫痛時，人們常說淋巴腺腫大，其實是錯的。**淋巴腺經常被誤認成分泌淋巴液的分泌腺**，事實上淋巴液是間質液的一部分。正確來說，紅腫的部位並不是分泌腺，而是淋巴結。

淋巴結由含有淋巴球的淋巴組織所構成，位在淋巴管的中途（見下頁圖3-12），**能過濾入侵生物體內部的細菌、毒素或癌細胞等有害物質**。當淋巴結發炎時，會腫脹成黃豆般的顆粒塊狀。

癌細胞會順著淋巴以及血管流動而轉移，最早的轉移點，就是距離最近的淋巴結。以乳癌為例，癌細胞多半會移動到，距離發源位置最近的腋淋巴結

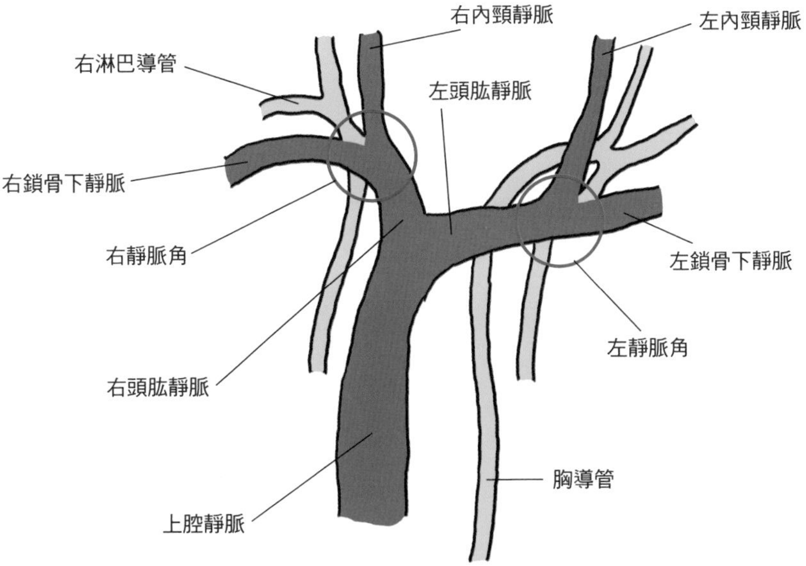

圖3-11　淋巴管匯流的靜脈

構成上腔靜脈的左、右頭肱靜脈，是由內頸靜脈和鎖骨下靜脈匯流而成，而其匯流點的左、右靜脈角，則是淋巴導管的匯流處。

（腋下的淋巴結）。

5. 淋巴球是血液的成分

免疫是指對抗侵入體內的細菌、毒素或癌細胞等有害物質的機制。而負責免疫機制的，就是經常存在於淋巴結的淋巴球。

回到血管內的間質液，大約有一○%會進入淋巴管形成淋巴液。間質液來自於血液，也就代表淋巴液也是來自於血液。

血液是液體，但事實上血液裡也含有固體成分：占血液比例四五%的紅血球和白血球。紅血球具有運送氧氣的功能，白血球則能消滅侵入體內的細菌等

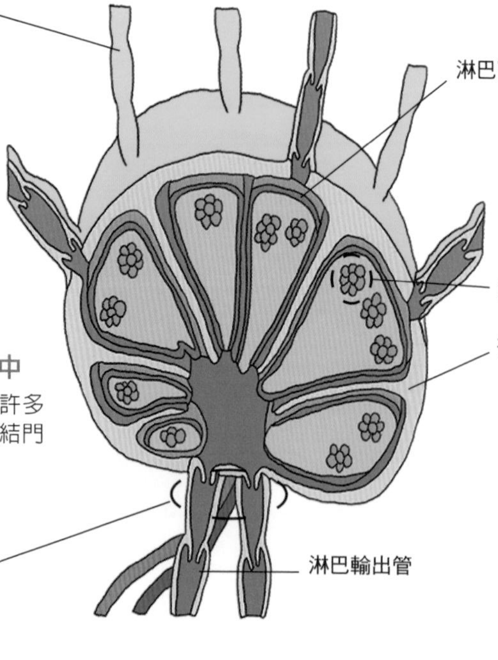

圖3-12　淋巴結位於淋巴管中

位於淋巴管中途的淋巴結上面有許多淋巴輸入管，而局部凹陷的淋巴結門上面，則有淋巴輸出管。

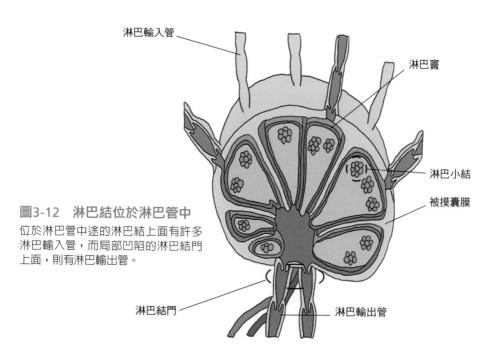

有害物質。白血球由顆粒球、淋巴球和單核球構成。換句話說，負責免疫的淋巴球是白血球的一部分（見圖3-13）。

6. 淋巴管有瓣膜

間質液回流時透過微血管，會匯集到靜脈，靜脈則將血液送回心臟。淋巴液也一樣，間質液的微淋巴管會匯集到淋巴導管，然後在靜脈角連接靜脈，回到心臟。

為了把血液從身體末端送回心臟，靜脈裡面有防止逆流的靜脈瓣。而運送淋巴液的淋巴管也有防止逆流的瓣膜（見下頁圖3-14）。

身體浮腫會讓組織間的縫隙出現異

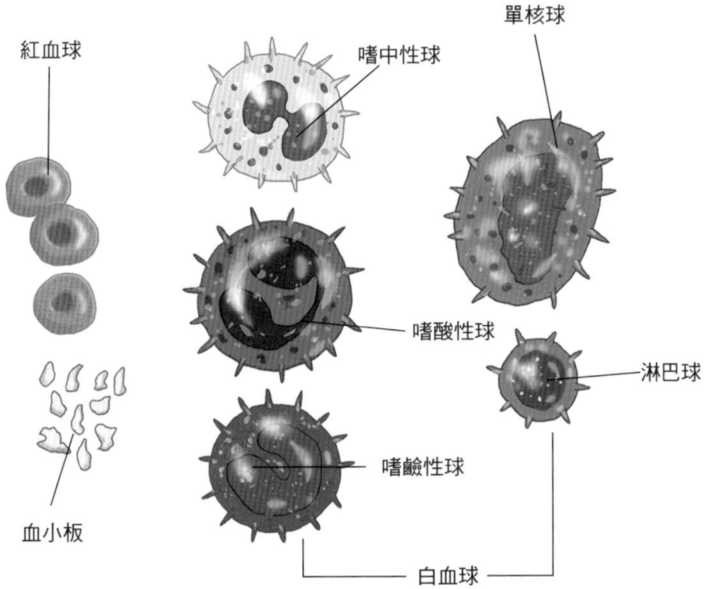

圖3-13　淋巴結內的淋巴球是血液的成分

白血球是血液的固體成分之一，其成分被區分成嗜中性球等顆粒白血球、單核球，以及淋巴球。存在於淋巴結的淋巴球，是白血球的一種。

常，使水分滯留，而淋巴管的淋巴液流出量也會跟著減少。如果要消除浮腫，最有效的方法是依照淋巴液在淋巴管的流動方向，從末端朝中央進行按摩。

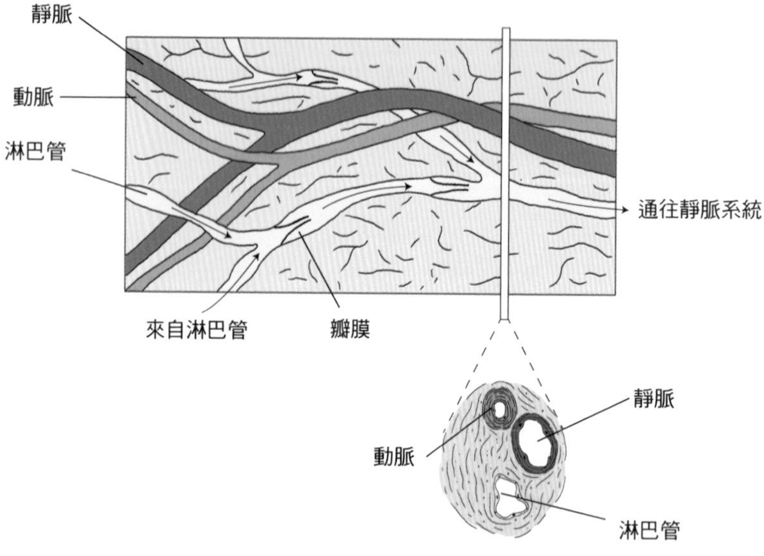

圖3-14　淋巴管也有瓣膜

在淋巴管內流動的淋巴液會流向心臟；和把血液送回心臟的靜脈相同，管內同樣也有防止逆流的瓣膜存在。

4 吸一口氣要動員三億個肺泡

1. 左右肺部的大小相同嗎？

肺部位於胸腔的左右兩側，中間隔著心臟，但肺部並非均等的收納在正中央。就像左胸可以感受到脈動，肺部同樣也是偏向左側。從右上往左下傾斜。從肚臍和心窩上的角連接而成的正中線來看，右上方約是肺部的三分之一，左下則占了三分之二。因此，位在心臟兩側的左右肺部空間不同，被心臟占去較多空間的左肺比右肺來得小。如果以重量比例來看，右肺：左肺約是八：七到十：九左右。另外，肺部更依照表面的深凹痕來進一步區分肺葉，右肺的肺葉數是三葉，相對之下，左肺只有兩葉（見下頁圖3-15）。

2. 肺泡的數量？

在肺部交換氣體的是肺內的小囊袋，也就是肺泡的扁平上皮細胞（見下頁圖3-16），以

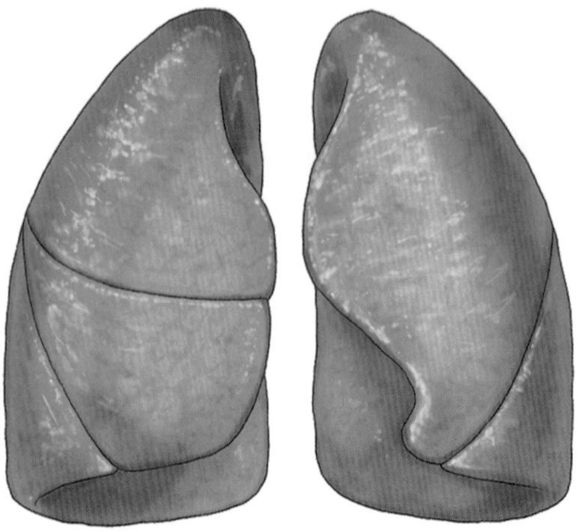

圖3-15　左右肺部和心臟之間的關係

胸腔內的較大內臟就是從左右兩邊夾著心臟的肺部，雖然中間是心臟，但因為心臟略偏左側，所以左肺會比右肺小一點。

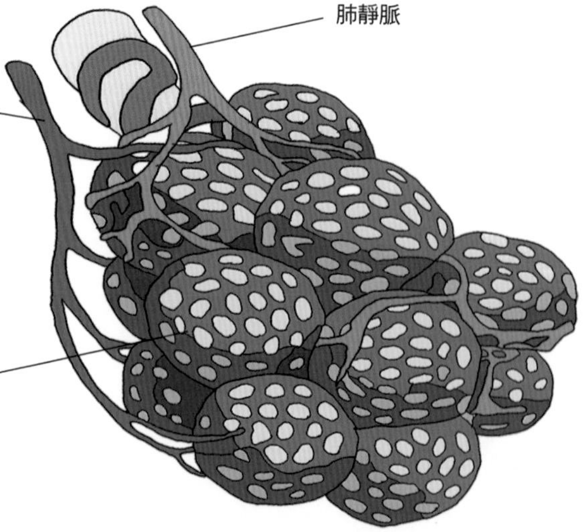

圖3-16　肺的最小單位——肺泡

肺泡和微血管內的血液進行氣體交換，被微血管網包圍，聚集成帶狀。

及纏繞著細胞的微血管。

如果以整體大小相同的葡萄串來說，小顆粒葡萄串的顆粒數量，會比大顆粒葡萄串的數量來得多；雖然小顆粒葡萄的表面積較小，但因為整個葡萄串的顆粒數較多，所以表面積也較大。為了擴大和微血管進行氣體交換的肺部表面積，直徑兩百至三百微米的肺泡，就相當於小顆粒的葡萄，而左右兩個肺部合計的肺泡數量，大約有三億至五億個（每個人不同，數量差很多），如果把肺泡的表面積加總起來，總面積多達八十至一百平方公尺（幾乎是半個網球場）左右。

5 咽與喉是不同部位，喉嚨痛看的是咽頭

1.「喉嚨」中的氣管部分是咽？喉？

感冒導致喉嚨紅腫，檢查時，醫師會跟患者說：「把嘴巴張開，說『啊——』。」這時可以從嘴巴深處看到的「喉嚨」是咽頭（按：為一條連接口腔和鼻腔至食道和氣管的圓錐形通道，是消化道和呼吸道的交會處）。相對之下，喉結的「喉」則是喉頭（按：是哺乳類頸部的器官，用於保護氣管，或作為發聲構造。同時也是氣管和食道分開的位置）。

咽頭位於嘴巴深處，上方和鼻腔相通。咽頭是食物的通道（消化道），同時也是空氣的通道（氣道，康熙字典：嚨，喉也）。

消化道和氣道位在喉結後方、咽頭最底部。咽頭、喉部後方是消化道，也就是食道的入口，前方則是氣道，也就是喉頭的入口（喉口）。換句話說，喉是只有空氣通行的氣道（見圖3-17）。

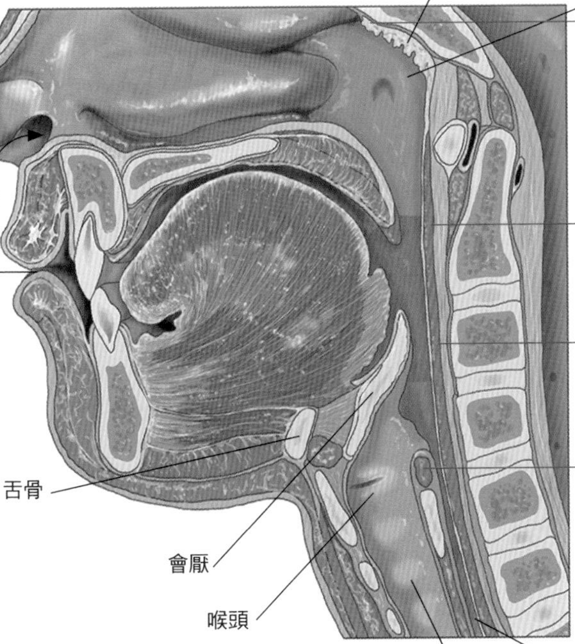

圖3-17　在咽喉部分歧的消化道和氣道

在咽喉部的前方開口的喉頭口，以及位在上方，避免食物在吞嚥時跑進氣管的會厭。

2. 誤吞的食物會跑進右肺？還是左肺？

喉嚨的凹陷處是充滿彈力的氣管。氣管分成左、右支氣管並進入肺部。右肺比左肺大，所以吸入的空氣量也有不同。也就是說，通往右肺的右支氣管，比通往左肺的左支氣管還要粗（見圖3-18）。

心臟偏向左側，所以通往肺門的距離也是左邊比較遠，支氣管的長度也是左邊長、右邊短。此外，支氣管的分歧角度也不同，右邊是較為傾斜的二十五度，左邊則是四十五度。因此，誤吞的異物較容易跑進較粗短、且較傾斜的右支氣管，接著進入右肺。

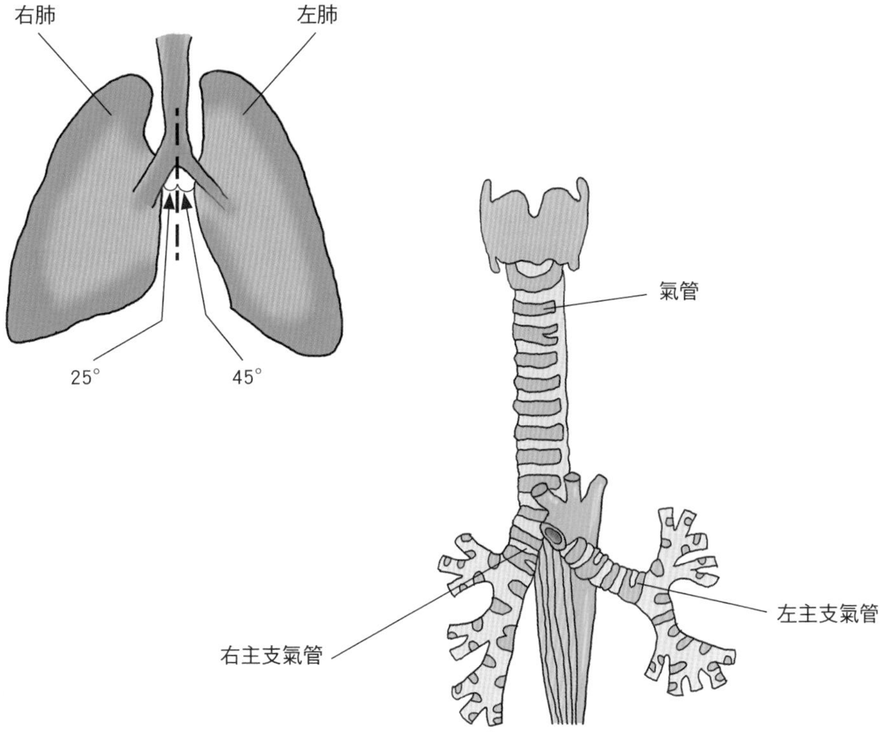

圖3-18　左、右支氣管的形狀差異

1條氣管分歧成左、右支氣管，通往左、右肺部。左、右支氣管的粗細，因左、右肺部大小不同而有差異。

6 倒立吞食物，一樣送進胃裡

1. 就算倒立，食物還是會順著食道通往胃部？

食道長二十五公分、直徑約一至二公分，呈扁平狀，除了食物通行時以外，平時這條肌肉性管道幾乎呈現封閉。

食道的肌層由內環走肌和外縱走肌所構成（見圖3-19），並藉由蠕動運動，在不逆流的情況下，把食物從咽頭送進食道，接著通往胃部。食道管腔擴張，把食物往內推送後，咽頭這一端（後端）的肌肉會收縮（收縮環），同時放鬆胃部那一端（前端）的肌肉。然後，咽頭的收縮環會依序傳達到胃，將食物朝胃推送。因此，就算是平躺，甚至是倒立狀態，食物仍然會被送進胃裡，不受姿勢影響。

2. 食道並非粗細完全相同？

食道生理性狹窄部位長度約二十五公分，總共分成三個部位（見下頁圖3-20）；吞嚥的食物容易在此處停滯，是食道癌的好發部位。食道的起點位在氣道和消化道的共同部位，也就是咽喉部的後下方，是第一個狹窄部位。接著是氣管分歧部位，從頸部一路來到胸部，然後穿過氣管後面，為食道的第二個狹窄部位。從氣管分歧部往下，來到心臟後面後，食道會受到呈現U形迴轉的大動脈交叉壓迫，形成狹窄部位。接下來被橫膈膜貫穿的部位，就是第三個狹窄部位。該處的環走肌發展成下食道括約肌，以防止胃的內容物逆流。

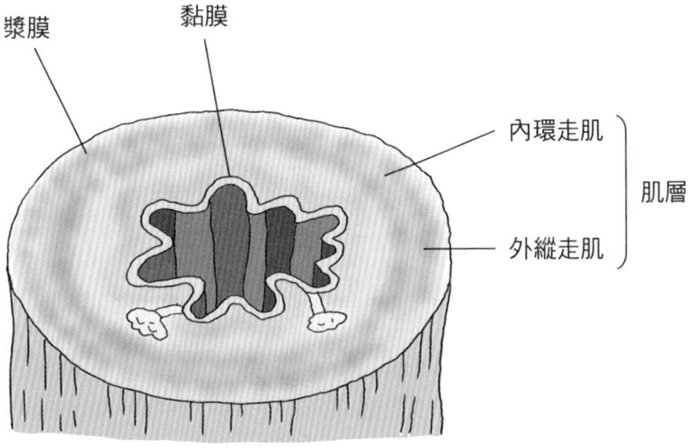

圖3-19　相當於消化道起點的食道構造

口腔形成咽頭和食物通道的腔，食道透過密閉管道連接著胃部，管壁由內膜、中膜、外膜3層所構成。

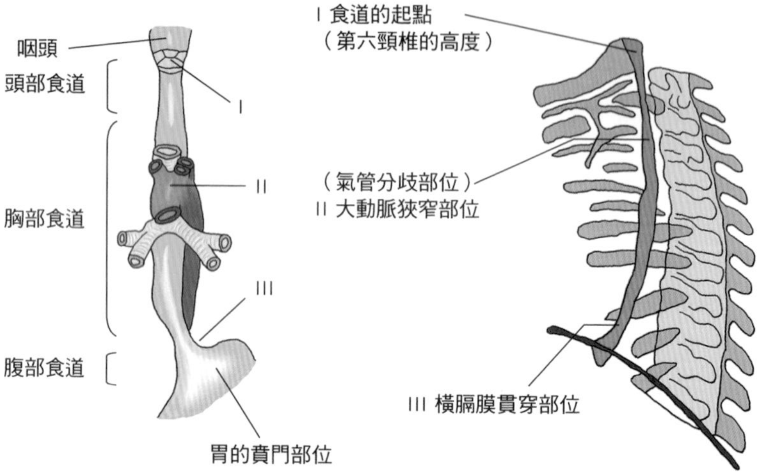

圖3-20　食道的3個狹窄部位

食道從頸部的咽頭，一路往下來到胸腔內，貫穿橫膈膜之後，和腹腔內上方的胃連接，其中有3個部位屬於生理性狹窄部位。

7 胸骨肋骨的功用，不只收納心肺

1. 胸廓除了收納還有什麼作用？

包圍心臟和肺部的骨骼稱為胸廓，是由骨幹的胸椎、肋骨和胸骨所構成的籠狀骨骼。骨頭的內部有製造血液的組織——骨髓。骨髓一旦喪失造血功能，就會脂肪化，變成黃骨髓。擁有造血功能的骨髓呈鮮紅色，稱為紅骨髓（見下頁圖3-21）。

在幼兒期之前，全身的骨骼內部都有紅骨髓，隨著年齡增長，許多紅骨髓都會置換成黃骨髓，**而成人的紅骨髓大多存在於扁平的骨骼內部。胸骨、肋骨，以及骨盆當中的髂骨**等扁平骨骼內部，都有紅骨髓存在，同時**具有造血的功能**。

2. 胸廓動的時候，不會和裡面的肺或心臟產生摩擦嗎？

呼吸器官的疾病當中，有一種稱為肋膜炎（胸膜炎）。肋膜炎的肋，指的就是肋骨，肋骨上面有一層漿膜，也就是肋膜，正式名稱是肋胸膜。

被肋骨包圍的胸腔，內有肺部和心臟，而肺和心臟外面也有漿膜包覆。漿膜會分泌少量與清澈的漿液，以避免內臟和肋骨之間產生摩擦（見圖3-22）。

肋膜等漿膜稱為胸膜，並區分成包覆整個胸腔、在胸廓內側形成一堵牆的體壁胸膜，以及包覆肺部等內臟的內臟胸膜；兩種膜間（胸膜腔）有少量的漿液，具有減少摩擦的作用。

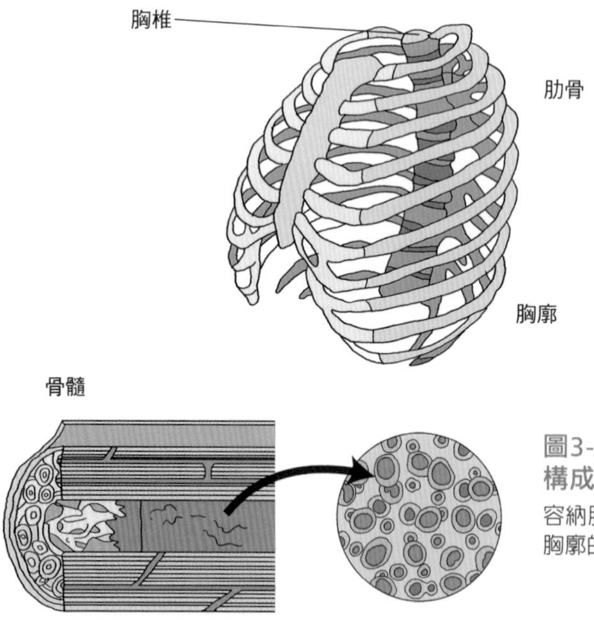

圖3-21　由胸椎、肋骨、胸骨所構成的胸廓，與骨骼的造血功能

容納肺、心臟等胸腔內臟的胸廓。構成胸廓的扁平骨，具有紅骨髓造血功能。

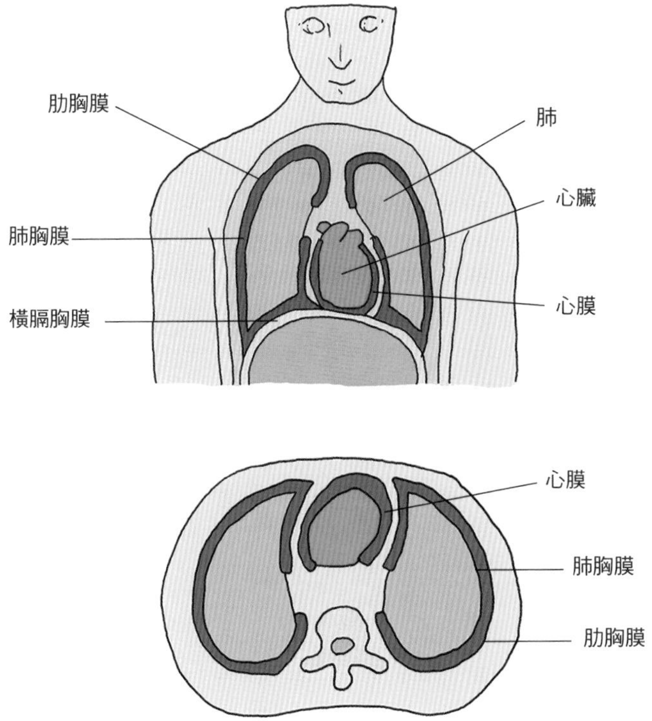

圖3-22　位於胸廓內部、胸腔的2種胸膜

胸腔壁的內側有漿膜性的體壁胸膜，內臟器官的外壁有內臟胸膜。在區隔兩者的胸膜腔當中，則有防止摩擦的漿液。

8 你是胸式呼吸還是腹式呼吸？

1. 吸氣時，肋骨會往上？還是往下？

吸氣時肋骨會往上，吐氣時肋骨則會往下。吸氣時，胸膛會隨著呼吸變厚，肺部的容納空間（也就是胸廓）會變大。吐氣時，肋骨會從後方往前，朝斜下方挪動。

肋骨往上抬之後，胸膛往前方變厚。胸腔也跟著變寬，裡面會呈現負壓，從外面把空氣抽進肺裡。肋骨下降時，肺部會吐出擠壓的空氣。這種利用肋骨上下挪動的呼吸運動，就稱為胸式呼吸（見圖3-23）（按：胸式呼吸吸的淺，通常只用到上三分之一的肺，劇烈運動時需要大量換氣，就是用胸式呼吸）。

2. 腹式呼吸的結構？

橫膈膜在體腔的中央，將體腔分隔成上下兩個部分，上方是有肺和心臟的胸腔，下方則是有胃和肝臟的腹腔。

橫膈膜從構成胸廓的胸骨、肋骨、脊椎骨開始，呈圓頂形收納在胸腔內。橫膈膜的頂部有許多肌腱聚集（中央腱），形成胸腔的底部。

腹式呼吸是指吸氣時橫膈膜收縮、圓頂頂部的中央腱下降、胸腔空間變寬；呼氣時則提高腹壓，把下降的橫膈膜往上提，使胸腔變窄，把空氣從肺部擠出（見下頁圖3-24）（按：一般人如未經練習，通常是胸式呼吸或胸腹混合呼吸。練習腹式呼吸，肺部下三分之二會發揮功能，不易罹患呼吸道疾病，同時可促進消化與減肥）。

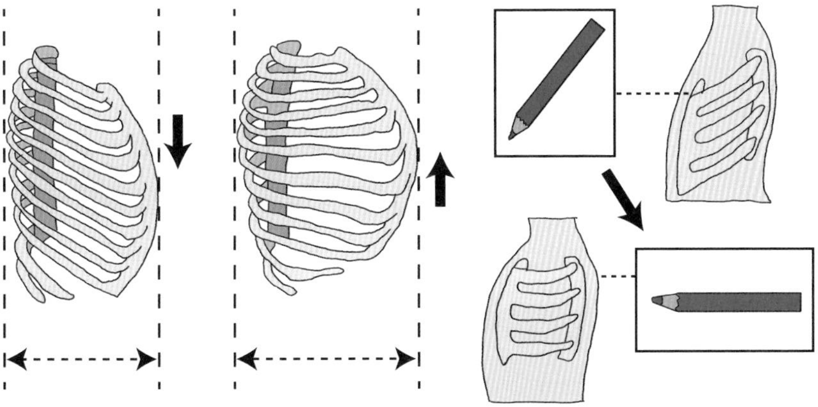

圖3-23　胸式呼吸使肋骨升降

把放置肺部的胸腔包圍起來的胸廓，由肋骨構成。利用肋骨的上下移動，來進行吸氣與呼氣的運動，就稱為胸式呼吸。

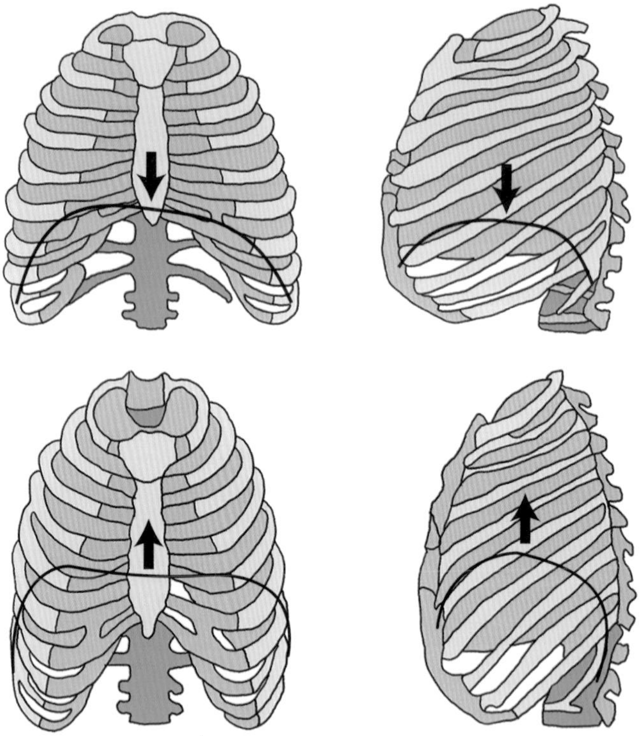

圖3-24　腹式呼吸利用橫膈膜（胸腔底部）進行

橫膈膜將體腔分成胸腔和腹腔。橫膈膜收縮是吸氣，放鬆並提高腹壓則是吐氣，這就是所謂的腹式呼吸。

9 橫膈膜其實是骨骼肌

1. 橫膈膜真的是「膜」嗎？

就像前文曾經提過的，橫膈膜是腹式呼吸所使用的肌肉。可是，為什麼名稱不是肌肉，而是膜呢？

為了防止摩擦，胸腔內有作為內臟胸膜的肺胸膜、作為體壁胸膜的肋胸膜，構成胸腔底部的橫膈膜上方，則有從肋胸膜延續下來的膈胸膜。所以橫隔膜看起來呈現膜狀，就被人稱為橫膈「膜」，而不是橫膈「肌」。

腹腔內也有內臟腹膜和體壁腹膜，而腹腔頂部的橫膈膜，下面也有體壁腹膜附著。也就是說，胸膜、橫膈膜、腹膜形成一片，並將體腔分成上下兩個部分（見下頁圖3-25）。

2. 橫膈膜上面有多少孔？

橫膈膜上面一共有三個開孔。

食道往下連接位於腹部的胃。也就是說，橫膈膜上面有食道通行的孔，能把肌纖維部分擴寬，宛如裂開的孔洞，被稱為食道裂孔。

心臟連接著大動脈（送出血液）和大靜脈（送回血液）。血液也會循環到下半身，所以通往下半身的大動脈、大靜脈也必須貫穿橫膈膜。大動脈貫穿的孔和食道相同，同樣含有肌纖維，被稱為主動脈裂孔；大靜脈貫穿的是肌腱的膜狀部，也就是中央腱上所開的孔，因為不是裂孔，所以其名稱為腔靜脈孔（見圖3-26）。

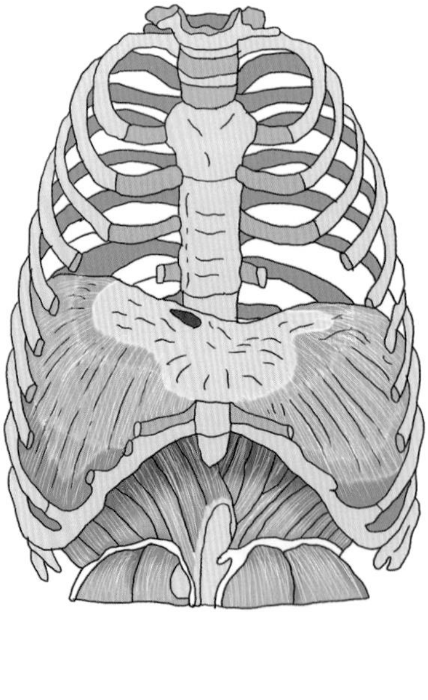

圖3-25　位在深層肌肉最深層的骨骼肌、橫膈膜

橫膈膜被體壁胸膜和體壁腹膜夾在中間，是將體腔分隔成上下2個部分的骨骼肌。

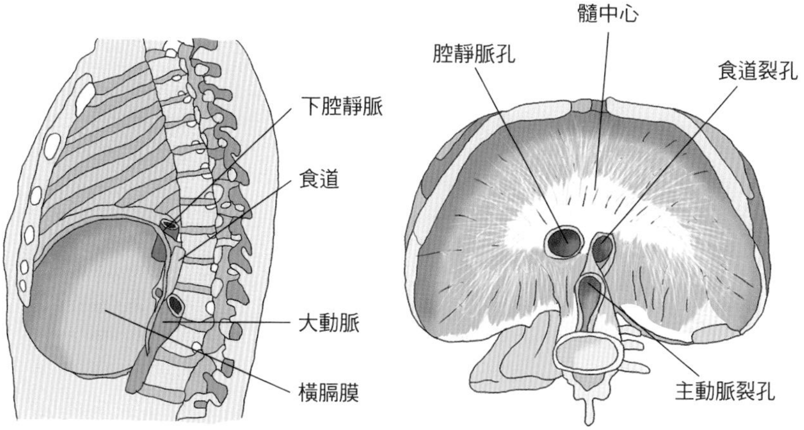

圖3-26　橫膈膜上面連接胸腔和腹腔用的開孔

食道通行的食道裂孔、大動脈通行的主動脈裂孔，以及下腔靜脈通行的腔靜脈孔，這3個孔是橫膈膜上的開孔。

解惑時間：胎兒在子宮裡如何吸氧

開放性卵圓孔是一種先天疾病。病因是胎兒出生後，心臟裡的卵圓孔沒有閉合。卵圓孔是指在心房間隔（隔著右心房與左心房的壁）上的卵形孔洞。

心臟的血液循環，是指富含二氧化碳的血液，從全身經由大靜脈通往右心房，再從右心房流向右心室，然後經由肺動脈送到肺部釋放二氧化碳；血液獲得氧氣後，再經由肺靜脈，從左心房流向左心室，最後經由大動脈，將氧氣運送到全身。

簡單來說，就是二氧化碳較多的血液經由大靜脈流回，而氧氣較多的血液則經由肺靜脈流回。因為血液性質不同，所以心房間隔會將心房分成右心房和左心房。

胎兒在充滿羊水的子宮裡度過十個月；他不會用口鼻呼吸，肺部的血液也不會交換氧氣和二氧化碳。但是，從大靜脈流進右心房的血液，會經由卵圓孔流往左心房，所以他不需要肺循環。

可是，胎兒離開母親體內後就會開始呼吸。此時，卵圓孔會封閉，區隔裝有二氧化碳血液的右心房，和裝有氧氣血液的左心房。若卵圓孔沒有封閉，就被稱為是開放性卵圓孔。

第四章
頭、臉和頸部——有些使用說明你以前不知道

1 不用腦?腦幹、間腦每一秒都得用

1. 腦就是神經系統

人在撞到手肘而感到發麻時，都會說「撞到神經」。負責傳達訊息的神經稱為末梢神經；接收資訊並對該資訊做出反應的中央部位，稱為中樞神經。這兩個部位就相當於腦和脊髓。腦就是神經系統（見圖4-1）。

對人體的生命活動來說，腦是不可欠缺的重要器官，而腦就收納在骨骼包圍的頭骨裡面。

腦的其中一項功能，是經由末梢神經，收集感覺系統（如聽覺、嗅覺等）所接收到的資訊（不論體內、外），並在解釋、判斷與分析該資料後，將指令發送給肌肉或腺。

腦以掌管語言、思考、判斷等人性根源的大腦為首，依各不相同的功能被區分成好幾個部分。

2. 腦分成幾個區？

腦依照其功能和形狀的差異，被區分成六個部分。

依形狀的大小分成大腦、中腦和小腦。大腦是呈圓球狀，正中央有一道貫穿前後的垂直裂痕（大腦縱裂），將大腦分成左右兩邊的大腦半球；間腦位在大腦下方、左右兩邊的大腦半球之間；間腦下方是接續脊髓的腦幹；大腦的後側下方，則有背負在腦幹上的小腦；接續間腦的是中腦，下方有個連接小腦之間的腦橋。腦幹的最下方則是宛如沿著脊髓生長般的延髓（見下頁圖4-2）。

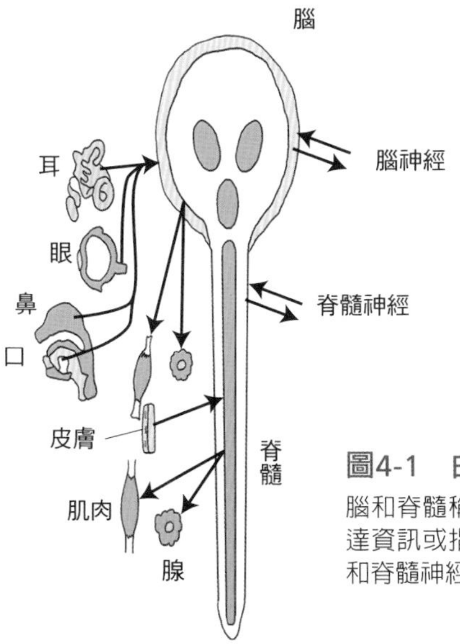

圖4-1　由中樞神經和末梢神經構成的神經系統

腦和脊髓稱為中樞神經，而連接中樞神經和各個器官，傳達資訊或指令的通路則是末梢神經，末梢神經則有腦神經和脊髓神經。

3. 腦位在哪裡？

大家都知道腦在頭裡面，可是腦的確切位置是哪裡呢？是額頭還是臉？

腦顱由八塊堅硬的顱骨組成（按：共有六種，分別是枕骨、額骨、蝶骨和篩骨各一塊，頂骨、顳骨各兩塊），腦就在頭裡面。下頜、鼻子、臉頰的骨頭則稱為顏面骨（見圖4-3）。

額頭的骨頭位於腦的前壁，稱為額骨，此部分就是前額，也就是頭。脖子上面的部分，有些人摸起來是平的，有些人則是比額頭稍微突出，後頭部的骨頭稱為枕骨。位在太陽穴附近、頭部兩側的骨頭稱為顳骨，這些骨頭會形成外壁，營造出收納腦部的空間。

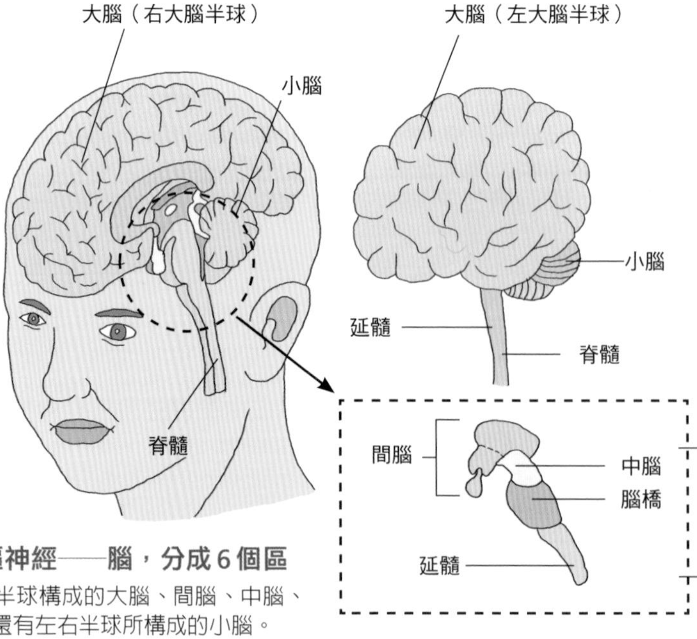

圖4-2　中樞神經──腦，分成6個區

腦分成由左右半球構成的大腦、間腦、中腦、腦橋、延髓，還有左右半球所構成的小腦。

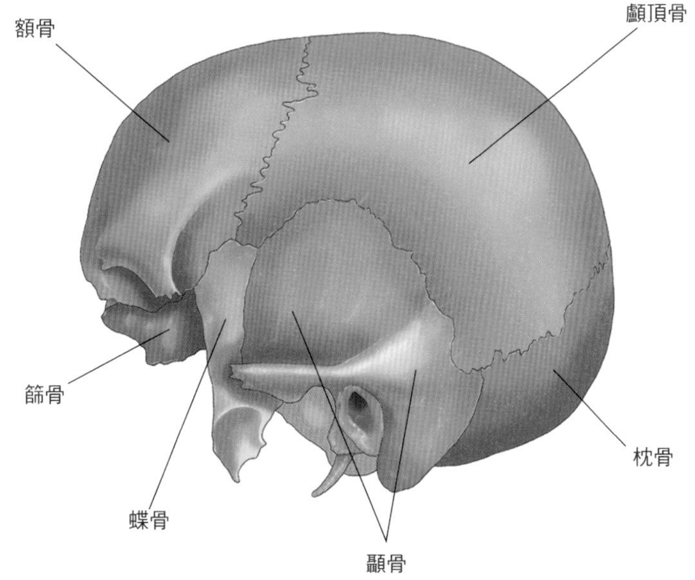

圖4-3　包圍腦部的頭部骨骼（腦顱）

腦顱由6種共8個骨頭所組成，包圍著腦部，構成收納腦部的顱腔。

腦收納在骨頭構成的空間（顱腔）裡，外面有三層薄膜（腦膜）包覆，所以不會直接接觸到骨頭。

4. 為什麼平時不覺得腦很重？

腦被三片薄膜包圍，且漂浮在液體裡。最外層的薄膜是硬腦膜，最內層是軟腦膜，位於兩者之間的則是蛛網膜。蛛網膜和軟腦膜之間的縫隙叫蛛網膜下腔，裡面充滿透明液體——腦脊髓液。順帶一提，蛛網膜下腔出血，就是指因顱內出血，血直接流入蛛網膜下腔，而引起的一種臨床綜合症狀。

在泳池裡，就算用雙手支撐自己的身體，仍然可以簡單支撐，完全不會感覺到重量，這是因為受水的浮力影響。而重達一千三百公克的腦也一樣，蛛網膜下腔的腦脊髓液使腦呈現漂浮狀態，所以才感受不到重量（見圖4-4）。

簡單來說就是，柔軟的腦包覆著三層薄膜，不會直接碰撞到骨頭；位於蛛網膜下腔的腦脊髓液，則像是避震器具有防止衝擊的作用。

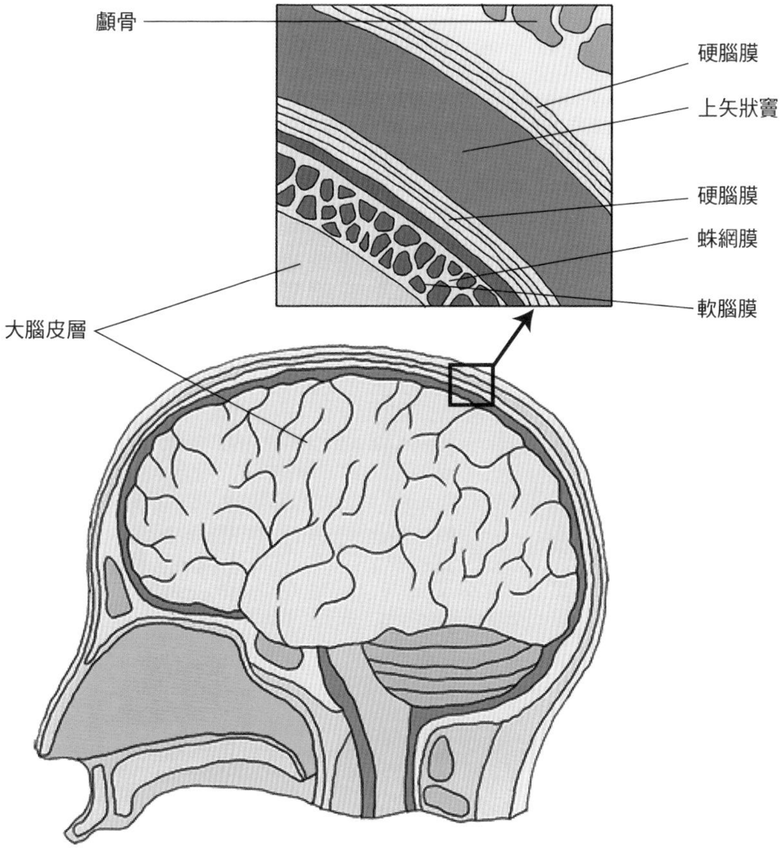

圖4-4　包圍腦的3片薄膜和漂浮的水（腦脊髓液）

腦包覆在硬腦膜、蛛網膜、軟腦膜的腦膜裡，蛛網膜和軟腦膜之間的蛛網膜下腔，有腦脊髓液保護腦部，同時利用浮力來減輕重量。

5. 大腦的表面積？

大腦最大的尺寸，約一整張報紙的大小（兩千兩百平方公分）。

大腦就像是身體的司令塔，而負責執行大腦功能的是大腦的神經細胞。以大腦來說，神經細胞主要集中在表層（大腦皮層）。大腦皮層的厚度有數公釐，表層有許多皺褶所構成的溝槽（見圖4-5），溝槽內也有大腦皮層，使表面積進一步擴大，盡可能收容更多的神經細胞。

製造出皺褶的溝槽有中央溝（羅蘭度氏裂）、外側溝（薛氏腦裂）、頂枕溝等比較深的溝槽，並且依這些溝槽分成額葉、頂葉、枕葉、顳葉四個區域。

6. 藝術家主要使用的是右腦？還是左腦？

藝術家主要使用右腦。左腦則是掌管邏輯性思考和數學理解力。大腦的正中央有往前後延伸的龜裂痕跡，可清楚看出大腦被分成左右半球。一般來說，右半球是右腦，左半球則是左腦（見第一四二頁圖4-6）。

右腦負責控制左半身，左腦則負責控制右半身的動作。左、右腦的功能各有不同，

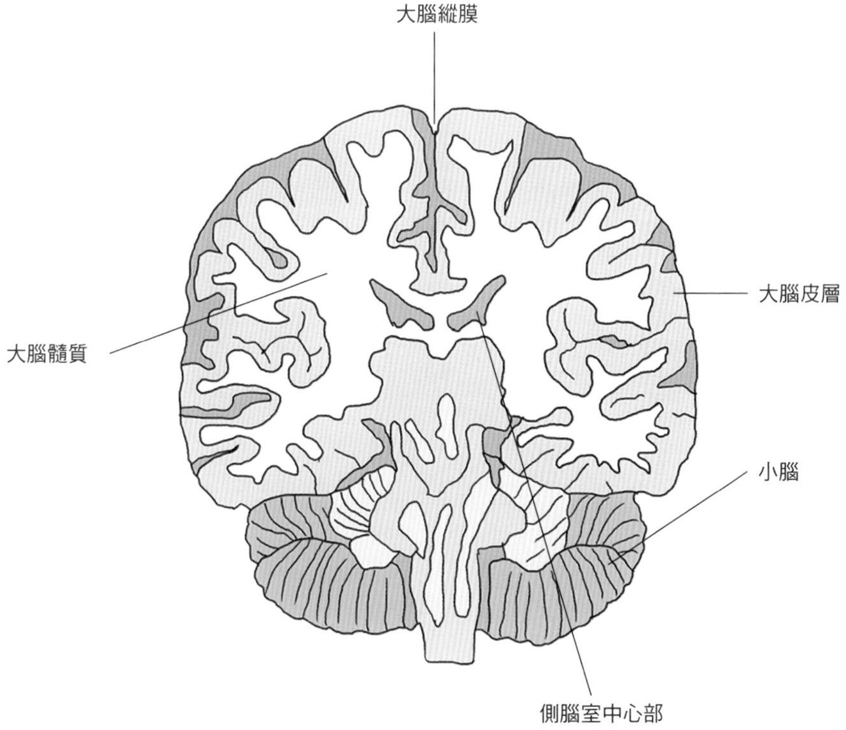

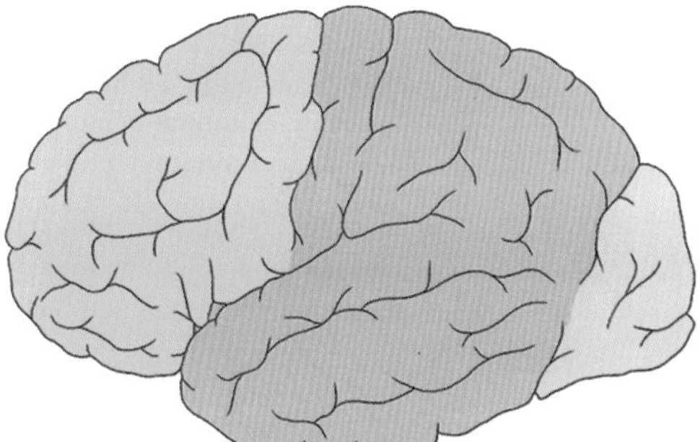

圖4-5　大腦表面的皺褶

大腦表面的大腦皮層上面可看到許多溝槽（腦溝），表面積在溝槽和溝槽之間的突出部（腦迴）擴大，同時有許多腦細胞存在。

右腦掌控靈感、直覺、形象或印象上的記憶、空間辨識、方向感覺、繪圖與音樂等藝術性的感覺；左腦擁有分析及思考等邏輯性功能、計算及對時間的理解力、聽說讀寫的語言能力。此外左、右**腦會透過大腦縱裂底部的胼胝體連接**，相互交換資訊。

7. 腦死時，人仍然活著？

大腦的功能停止，但腦幹（負責呼吸及血液循環等維持生命的中樞）依舊正常運作，這種情況被稱為植物狀態，而此類患者則被稱作植物人。

植物狀態下，人仍然可以長時間生存，甚至有案例是某個植物人，在二十

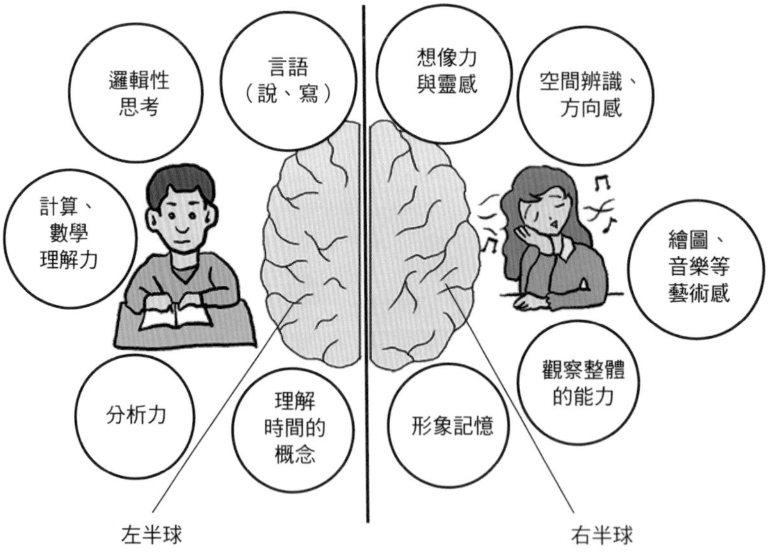

圖4-6　左右大腦半球的功能差異

大腦由中央的深溝（大腦縱裂）分隔成左右半球，同時，左右兩邊的功能也各不相同。

年後恢復意識。跟大腦不同，中腦、腦橋、延髓等腦幹部分一旦停止運作，呼吸和血液循環等作用會停止，氧氣無法被送到大腦，大腦整體功能因此停止，呈現全腦死亡。

腦死正確來說是全腦死亡，也就是指整體腦部的功能完全停止。一旦判斷為「全腦死亡」，即代表患者沒有復原的可能，就等同於死亡。

8. 腦裡的海馬是什麼？

海馬迴（Hippocampus）是位在大腦內部的塊狀神經細胞，因為外形很像海馬而有了這樣的名稱。這個海馬迴是記憶的暫存區（見下頁圖4-8）。

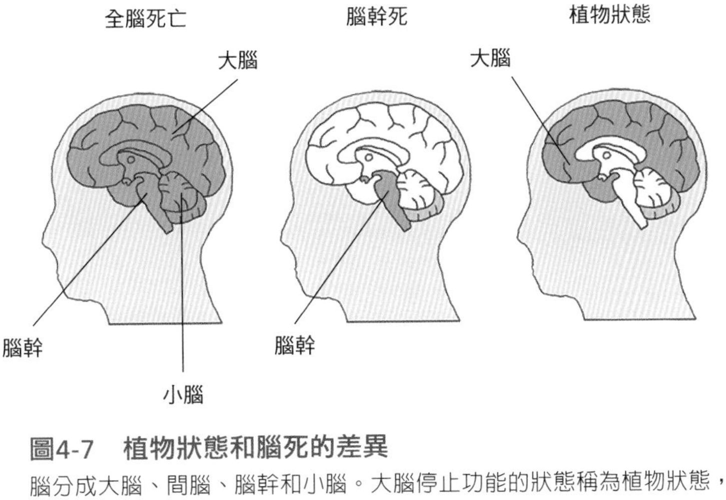

圖4-7　植物狀態和腦死的差異

腦分成大腦、間腦、腦幹和小腦。大腦停止功能的狀態稱為植物狀態，腦部整體的功能停止時，才是真正的腦死。

眼睛或耳朵等各種感覺器官，接收到視覺、聽覺、嗅覺、味覺、觸覺、痛覺等各種感覺資訊後，會經由末梢神經把資訊傳送到大腦。位在大腦深處，與食慾、性慾等本能性活動或喜好、恐怖等原始情感相關的部分，稱為大腦邊緣系統，而海馬迴也包含在大腦邊緣系統之中。

收集到的感覺資訊，會暫時在海馬迴整合、暫存，再進一步篩選成短期記憶或長期記憶，最後再將長期記憶傳送到大腦皮層儲存。

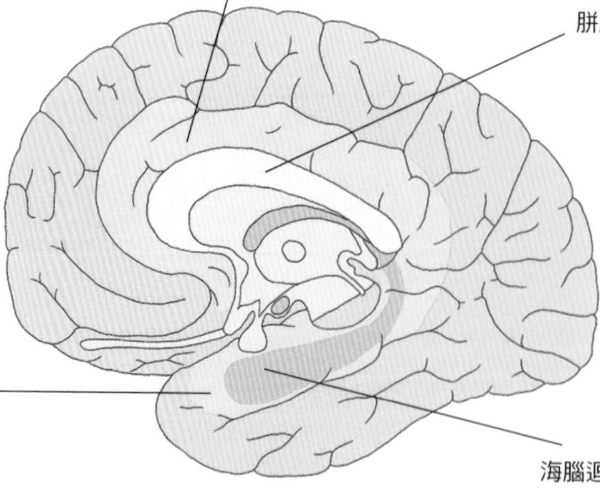

圖4-8　記憶的暫存場所——海馬迴

大腦邊緣系統位於大腦深處，而位在其中的塊狀神經細胞——海馬迴是暫時儲存感覺資訊的場所。

9. 從腦的中央附近下垂的部位是什麼？

身體裡面呈現下垂狀的器官，都會在名稱中使用「垂」這個字。例如張開嘴巴就可看到的小舌（從嘴巴的頂端往下垂的部分），稱為懸壅垂；像蛔蟲那樣，從盲腸往下垂的部分是闌尾（按：在日語中被稱為「蟲垂」）；而從左右大腦半球之間的間腦往下垂的部位，則稱為下垂體。

間腦能調節自律神經功能和激素。

間腦由視丘和下視丘構成，而連接下視丘、同時呈現下垂形狀的下垂體，是分泌激素的器官（見圖4-9）。除了分泌生長激素，還會分泌促進激素，使其他內

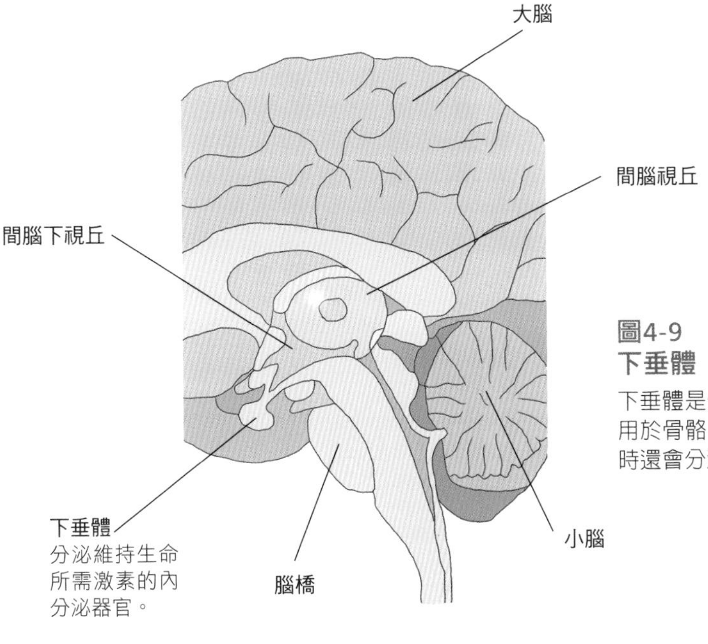

圖4-9　懸垂在間腦下視丘的下垂體

下垂體是分泌激素的內分泌腺，作用於骨骼、肌肉或內臟等器官，同時還會分泌促進生長的生長激素。

分泌腺產生作用，並透過從下視丘分泌的下視丘激素來進行調節。

10. 腦幹有什麼樣的功能？

腦幹是位於間腦和脊髓之間的腦部主幹，被分成三個部分，由中腦、腦橋和延髓構成（見圖4-10）。

雖然延髓看起來像是從脊髓延伸的一部分，但其實是腦的一部分，具有司令塔的作用，負責調節呼吸和血液循環等，屬於自律神經的中樞。同時，也是打噴嚏、咳嗽、吞嚥或嘔吐等反射動作的中樞。

腦橋連接小腦，是把大腦的運動指令傳達給小腦的通道。另外，還有顏面神經等腦神經傳遞指令，傳給顏面表情肌（活動臉部皮膚）等部位的神經核。

中腦是視覺和聽覺的傳導地點，也是反射（如眼球運動、瞳孔調節、閉上眼瞼等）中樞；同時還要負責維持姿勢及調整步行節奏。

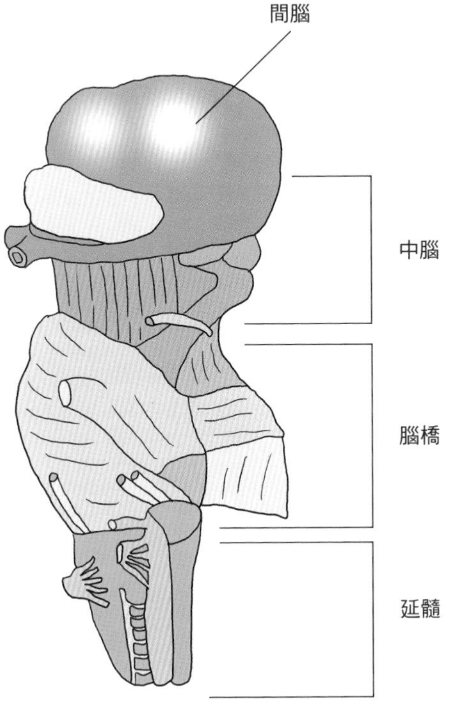

圖4-10　腦幹由中腦、腦橋、延髓構成

位於間腦下方、脊髓之間的中腦、腦橋和延髓，構成後面背負小腦的腦部主幹，被稱為腦幹。

2 眼球如相機？精密多了

1. 藍眼睛是怎麼形成的？

眼睛會透過瞳孔導入光線，讓光線在水晶體上屈光折射，將影像投射在視網膜上面，接著，視網膜會透過視神經，把接收到的資訊傳送給腦部，使人感受到形狀和顏色。

眼球上有三層壁膜。外膜由前方的角膜和占約六分之五的鞏膜構成。鞏膜的血管較少，所以看起來呈現白色，就是黑眼球周圍的白眼球部分（見圖4-11）。

中膜由位在水晶體前面的虹膜和睫狀體，以及脈絡膜所構成。**虹膜正如其名**，本身帶有色彩，會因黑色素細胞的含量差異，而產生黑眼、褐眼、藍眼等不同的瞳色。

內膜由視網膜和色素上皮構成，色素上皮呈現黑色。因為可以透過瞳孔看到色素上皮，所以**瞳孔看起來才會是黑色**。

2. 進入眼睛的光量調節由哪個部位負責？

只要擴大、縮小瞳孔的直徑，就可以調整進入眼睛的光量。所以明亮時，會縮小瞳孔，陰暗時則會放大瞳孔（見下頁圖4-12）。

瞳孔是開在虹膜上面的孔，虹膜內部有兩種調節瞳孔大小的肌肉。以輪狀環繞瞳孔邊緣的瞳孔括約肌，會縮短邊緣，使瞳孔縮小。沿著虹膜配置成放射狀的瞳孔擴張肌，則利用讓孔緣後退的方式，使瞳孔擴大。

所以即使在陰暗的場所，只要有些許光線，就能看得見眼前的畫面。相反來說，在明亮的場所時，只要減少進入

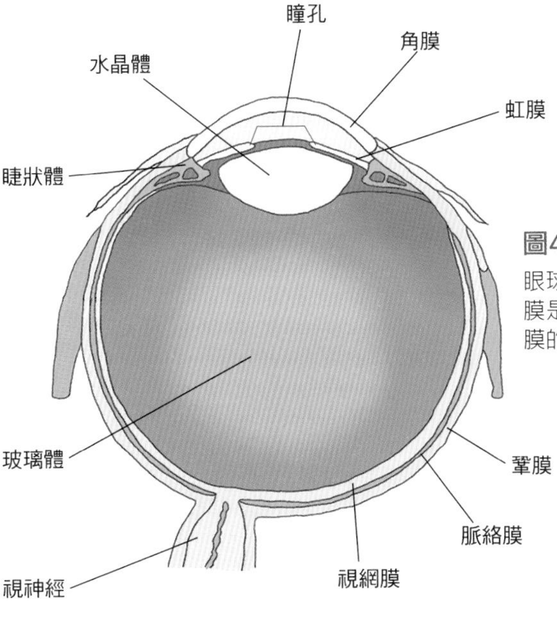

圖4-11　構成眼球的角膜等3層壁膜

眼球由外膜、中膜、內膜3層壁膜構成。鞏膜是白眼球部分，構成角膜以外的外膜，中膜的虹膜則是黑眼球的部分。

眼睛的光量，就比較容易看得見。

3. 遠近的對焦是怎麼調整的？

眼睛藉由改變凸透鏡厚度的方式，來調整遠近距離的對焦（見第一五二頁圖4-13）。

相當於透鏡的水晶體位在角膜、虹膜、瞳孔的後方，由被稱為水晶體懸韌帶的無數纖維懸吊支撐。水晶體懸韌帶上面有睫狀肌，以放射狀、環狀型態環繞在水晶體的周圍。

睫狀肌收縮後，水晶體懸韌帶的纖維就會鬆弛，水晶體會因自身的彈性而變厚，屈折力就會隨之增大，得以對焦於近物。相反的，環狀的睫狀肌舒張之

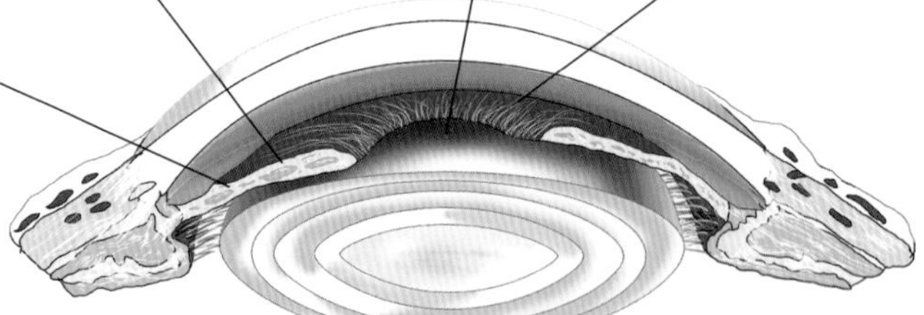

圖4-12　環繞瞳孔周圍的虹膜

瞳孔是虹膜上面的開孔，只要收縮虹膜，使孔洞縮小，光線就不容易進入；而擴大瞳孔，把孔洞放大的話，就能導入較多的光線。

後，就會向外擴散，連接的水晶體懸韌帶就會緊繃。水晶體懸韌帶的拉扯，會使水晶體變薄，因此，屈折力就會變小，就能夠對焦於遠物。

4. 活動眼球的肌肉有幾種？

讓眼球轉動的不是眼球本身的肌肉（瞳孔括約肌或睫狀肌），而是連著眼球的肌肉。可是，就算睜開眼睛或是把眼皮翻過來也看不到，因為這些肌肉位在眼球後方，一共有六種。

分別是讓眼球往上移動的上直肌、往下移動的下直肌、往眼頭移動的內直肌、往眼尾移動的外直肌、往內轉的上斜肌、往外轉的下斜肌（見下頁圖4-14）。這些肌肉和活動手腳的肌肉不同，無法分成可以左右同時或左右分別活動。

上直肌和下直肌屬於左右同時活動的肌肉。因此，沒辦法右眼往上看，同時用左眼看下面；而外直肌無法左右同時活動，所以右眼的外直肌活動時，左邊的內直肌會連動（例如右眼移往眼尾，左眼就會跑到眼頭位置）。

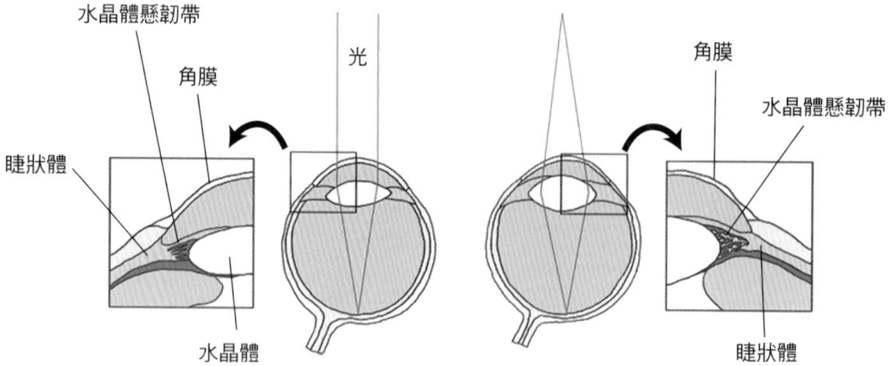

圖4-13　改變凸透鏡的厚度進行遠近調節

具有凸透鏡作用的是水晶體，藉由增厚在近物上對焦、變薄在遠物上對焦的方式，來進行遠近調節。

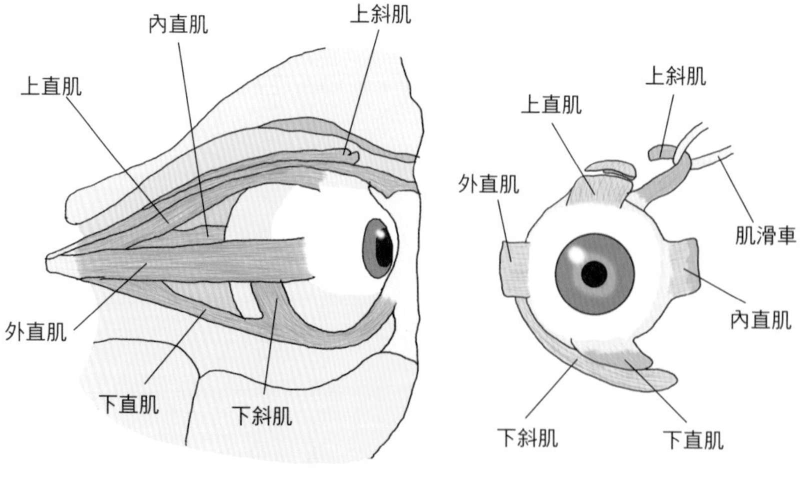

圖4-14　讓眼球咕溜溜轉動的眼部肌肉

眼球後方有6種肌肉，使眼球得以轉動：上直肌、下直肌、內直肌、外直肌、上斜肌和下斜肌。

3 耳朵不只能聽，更重要的是維持平衡

1. 不光是聽覺，平衡感也靠耳朵來掌控

患有暈眩症狀的人要去耳鼻喉科看診。耳朵的作用是聽覺，同時也是掌管平衡感的器官。

耳朵可分成外耳、中耳以及內耳等三個部位。耳洞到鼓膜之間的範圍稱為外耳，鼓膜的深處稱為中耳，而深入頭骨的內耳，則是由用來感測聲音的耳蝸（因形狀如捲曲的蝸牛而得名），以及利用三個半圓形的管子，來掌控平衡的半規管（三半規管）所構成（見第一五五頁圖 4-15）。

各不相同的感覺器官會使用神經纖維，把接收到的資訊傳送給腦部。從半規管底部延伸出的前庭神經（平衡神經），跟從耳蝸連接出來的耳蝸神經（聽神經）集結成一條，再透過內耳神經連接至延髓。

2. 為什麼一旦爬上高樓大廈，聽力就會變差？

聲音以聲波的形式在空氣中傳遞，從耳洞經由外耳道內，使鼓膜產生振動。然後，鼓膜的振動會傳達給聽小骨，接著傳達給耳蝸內的柯氏器。

當隔著鼓膜的外部空氣，和中耳的鼓室內的空氣壓力相等時，鼓膜就能夠正常振動。因高處的空氣稀薄，如果鼓室內的空氣仍然維持平地時的密度，鼓膜就會被密集的空氣往外擠壓，無法正常振動，聽力自然就會變差。從鼻腔吸入的部分空氣，會經由咽頭壁上的開口進入耳咽管，最後來到鼓室。耳咽管堵塞，導致空氣流動性變差，之前的密集空氣就會殘留在鼓室內，自然就會聽不太到聲音（見圖4-16）。

3. 點頭、搖頭與哪個半規管有關？

半規管位在內耳，是掌控平衡感的器官。半規管由前半規管、後半規管和外半規管等三個半圓形管構成，管子的底部則稱為前庭。

這三個半規管在相互垂直的平面上，被分成三次元座標的三個方向，頭部轉動時，就由相同方向（旋轉方向）的半規管負責控制平衡。也就是說，點頭（頭部上下運動）

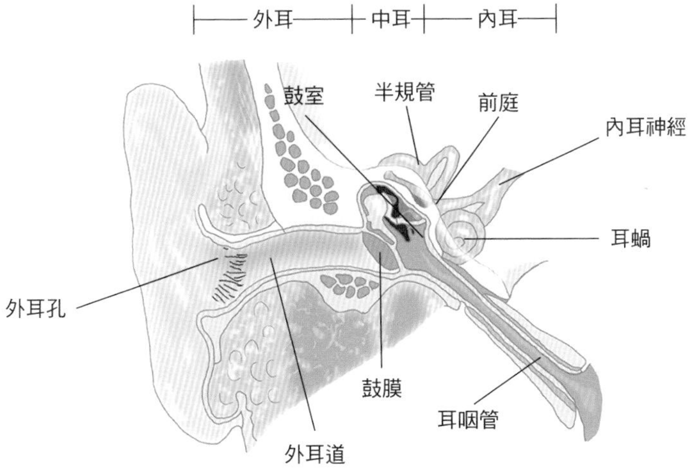

圖4-15　由內耳、中耳、外耳構成的耳朵結構

掌管聽覺和平衡感的耳朵。內耳有各種不同的接受器。聽覺在耳蝸內，平衡感則位在半規管底部的前庭。

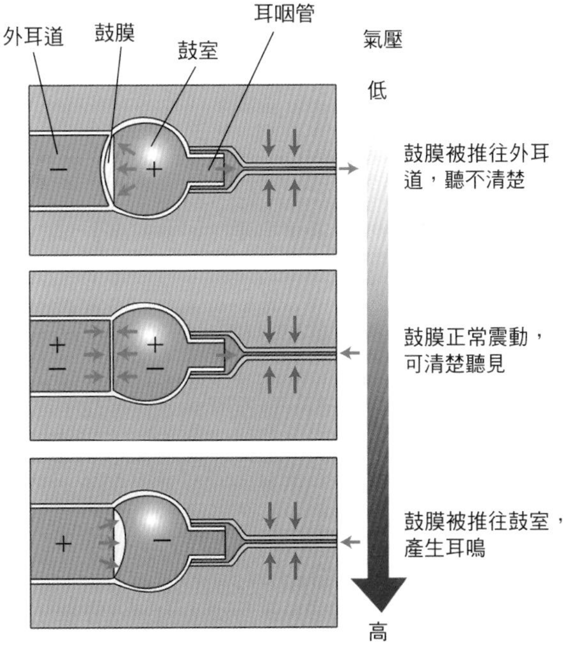

圖4-16　耳咽管是連接咽和中耳的空氣通道

如果耳咽管堵塞，無法正常調節氣壓，聲音就會聽不清楚。這個時候，只要吞嚥口水，讓耳咽管通順，就可以聽得見聲音。

與前半規管有關、搖頭（水平方向擺動）與外半規管有關，而歪頭則和後半規管有關（見圖4-17）。

前庭有被稱為球囊和橢圓囊的囊袋，裡面有耳石（Otolith），用來感測身體的傾斜。另外，也能夠感測車子加速時的速度感。

4. 乾耳垢是繩文人？彌生人？

從耳朵的入口，也就是外耳孔到鼓膜之間，長約三十公釐左右的管狀，稱為外耳道。耳壁皮膚上有名為耳垢腺的汗腺，會產生黃色的分泌物。**脂腺的分泌物再加上皮膚的汙垢，就會形成耳垢**（見圖4-18）**，具有抑制外耳道內的微生物生長，預防感染的作用。**

耳垢分成濕軟和乾硬，並且和遺傳有關。

古代的日本列島住著繩文人和彌生人，據說他們是日本人的先祖。臉部四方且輪廓立體的繩文人，和圓臉、輪廓平坦的彌生人，光是外貌就可看出明顯差異。此外，他們的耳垢也不同，據說繩文人有著濕耳垢，彌生人則有著乾耳垢。

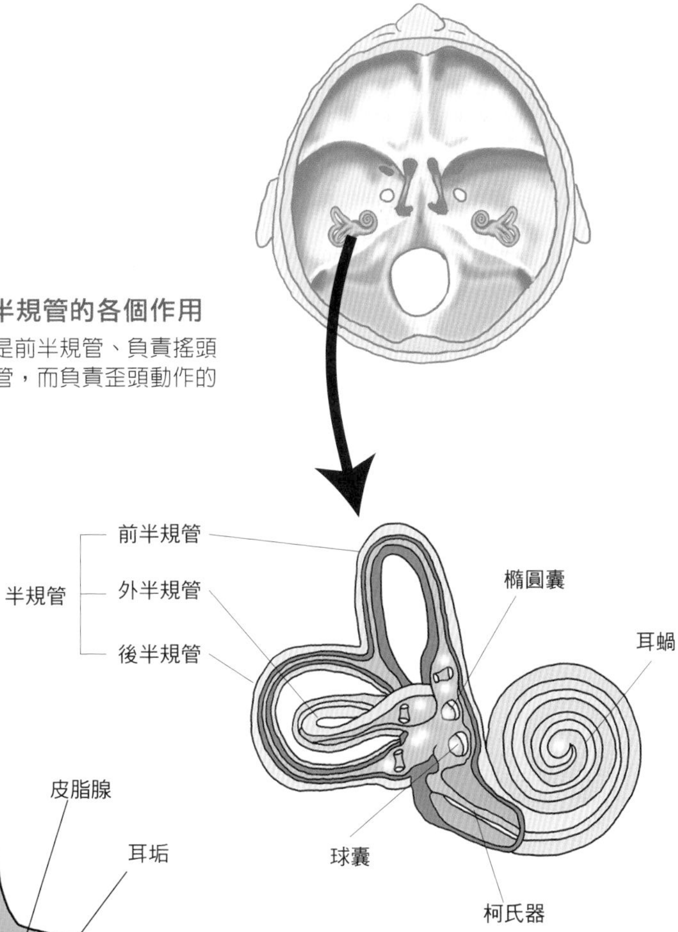

圖4-17　3個半規管的各個作用

負責點頭動作的是前半規管、負責搖頭動作的是外半規管，而負責歪頭動作的是後半規管。

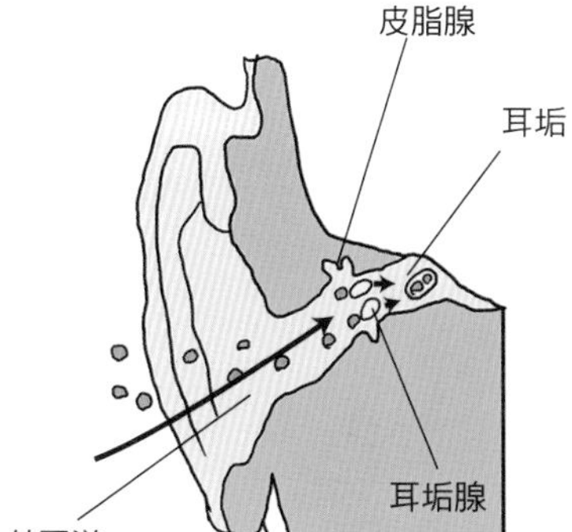

圖4-18　耳垢形成的情況

耳孔裡面也有皮膚，皮膚會產生汙垢，那個汙垢加上分泌腺的分泌物，就會形成耳垢。

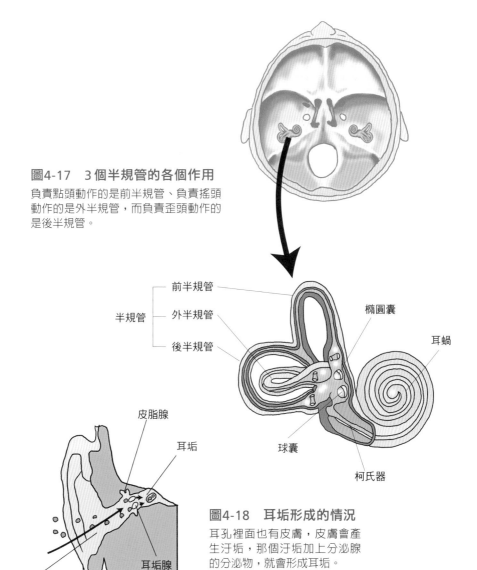

4 人爲什麼有兩個鼻孔？

1. 鼻子是臉部器官之一，為什麼有兩個孔？

鼻子是把空氣吸進肺部的氣道起點，沿著咽頭、喉頭、氣管、左右支氣管，一路延伸到左右的肺部。雖然肺部和支氣管是左右各一，但是前面的氣管、喉頭、咽頭卻只有一個。

鼻腔以鼻中隔分隔成左右兩邊的通路（見圖4-19）。鼻中隔前端是一左一右的入口，有兩個外鼻孔，後端則有左右兩個後鼻孔，深處的咽頭則沒有分隔。

透過呼吸，吸入體內的空氣，含有塵埃、各種雜菌，鼻腔內壁黏膜會將其去除。因此，鼻腔裡的內壁面積越大越好，所以鼻腔中央才會有鼻中隔，藉此來擴大左右兩邊的面積。

2. 嗅覺器官位在哪裡？

嗅覺器官就位在鼻腔裡面。

鼻腔的頂部黏膜有名為嗅覺上皮的嗅覺器官，約有五千個嗅細胞。嗅細胞前端有名為嗅毛的嗅覺受體，可以感測到氣味的分子。這裡所感測到的氣味通過嗅神經後，嗅球（位在大腦額葉下方）會負責處理氣味，然後將氣味送到大腦皮層的感覺區。據說嗅覺所區分出的氣味種類，大約有兩千至三千種。

嗅神經因為很細，又被稱為嗅絲，嗅絲穿過的骨頭上面有許多小孔，看起來像篩子，所以被稱為篩板。擁有篩板的骨頭稱為篩骨，鼻中隔中也有一部分是篩骨。

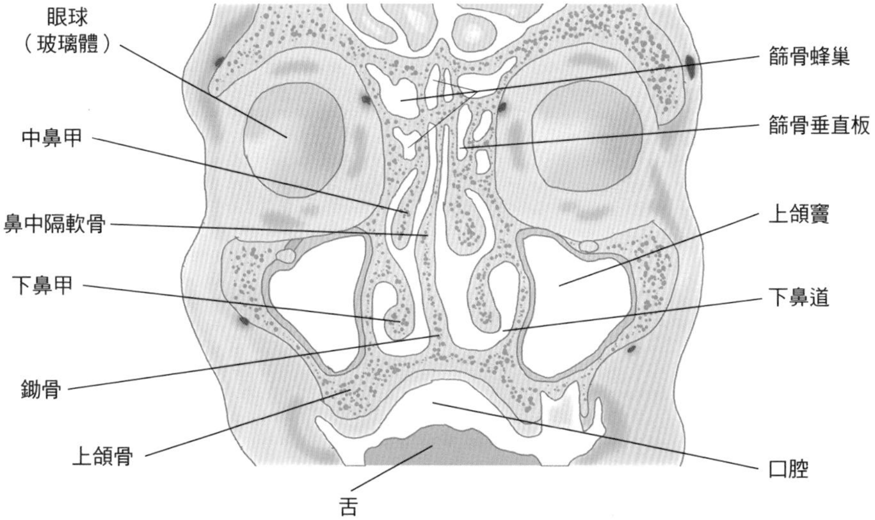

圖4-19　空氣進入體內的入口——外鼻孔和鼻腔

鼻子是空氣進入體內的入口，鼻腔內部以鼻中隔和鼻甲隔出狹窄的通道，並利用鼻壁上的鼻黏膜去除空氣中的塵埃或雜菌。

3. 鼻道有幾個？

鼻腔內的空氣通道——鼻道，有上鼻道、中鼻道、下鼻道，以及總鼻道（見圖4-20）。

身體功能的運作需要氧氣。人利用鼻子把含有氧氣的空氣吸進體內，而鼻子的內部就是鼻腔。鼻腔內的黏膜會去除空氣中含有的灰塵、小微粒、細菌或病毒等物質。另外，黏膜會給予吸入的空氣適當的溫度與濕度。

與空氣接觸的黏膜面積越大，這些作用就會更有效率，因此，以鼻中隔為首的鼻腔內有許多的分隔，分成上鼻道或中鼻道等通道。

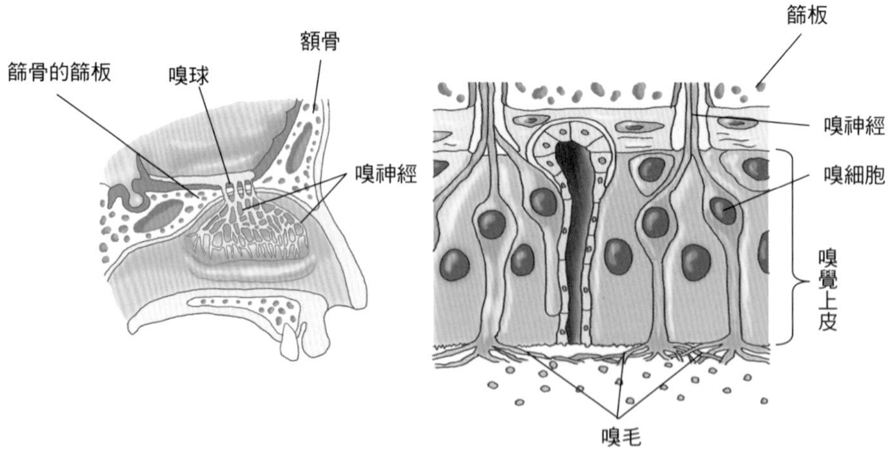

圖4-20　擁有嗅覺器官的鼻腔內部

嗅細胞位於鼻腔內的頂部黏膜，而包含嗅細胞的嗅覺上皮就是嗅覺器官，從嗅細胞延伸出的嗅神經會連結嗅球。

4. 蓄膿症的膿堆積在哪裡？

蓄膿症又名副鼻腔炎，是膿蓄積在副鼻腔，同時又會聞到臭味的疾病。

雖然稱為副鼻腔，但實際上指的並非鼻腔，而是形成鼻腔空間的鼻腔壁，其周圍骨頭內部形成的空洞。鼻腔內壁的黏膜能利用黏液滋潤鼻腔，同時給予吸入空氣適當的溫度和濕度。為了使此功能更有效率，必須擴大黏膜面積，因此鄰接鼻腔的骨頭內部才會形成空洞，而鼻腔內壁黏膜也會進入空洞的壁內，那些空洞就稱為副鼻腔，分別有額竇、蝶竇、篩竇、上頜竇，開口於上鼻道及中鼻道（見下頁圖4-22）。因是骨骼內部的空洞，所以也有減輕重量的作用。

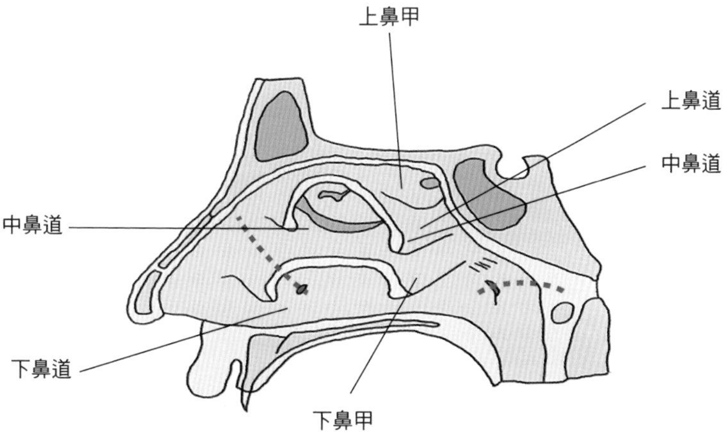

圖4-21　鼻腔內的空氣通道——鼻道

鼻腔由鼻中隔分隔成左右兩側，並且依側壁的鼻甲（上鼻甲、中鼻甲、下鼻甲及總鼻甲）分隔成鼻道。

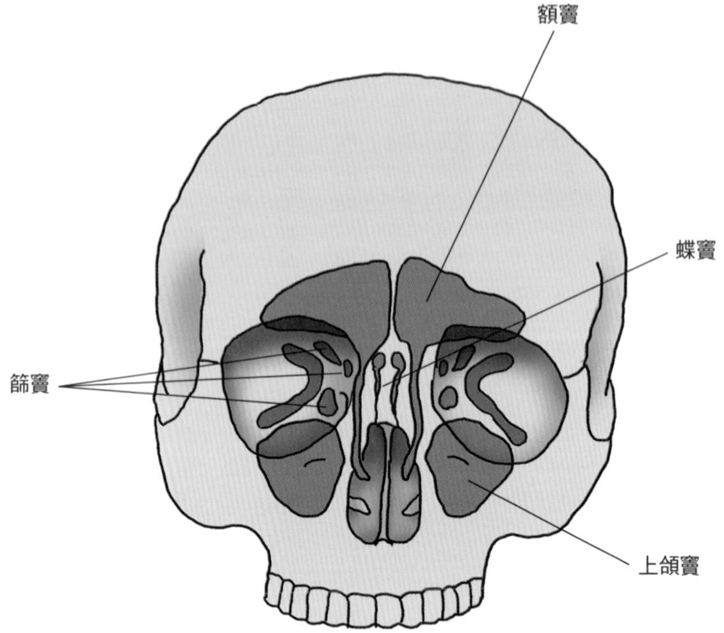

圖4-22　附屬於鼻腔的副鼻腔

在形成鼻腔壁的骨骼內部開口的腔室，有額竇、蝶竇、篩竇、上頜竇 4 種，分別開口於不同位置的鼻腔。

5 唾液腺每天產能一．五公升，扁桃腺根本不是腺

1. 口腔裡面有牙齒、舌頭，以及唾液腺的出口

上唇和下唇之間的開口，是食物進入口中的入口，上下唇的左右交點稱為嘴角。嘴巴周邊有控制張嘴的提上唇肌和降下唇肌，以及與表情有關的提口角肌和降口角肌。閉嘴、吸吮或擠壓時，口輪匝肌會產生作用。

嘴巴內稱為口腔（其構造見第一六五頁圖4-23），嘴巴頂部的頷是鼻腔的底部。上頷和下頷的齒槽有二十顆乳牙，換牙後則是三十二顆恆齒。牙齒和牙槽的深處有舌頭，其表面有名為舌乳頭的疙瘩，上面有味覺器官味蕾。

口腔裡面有唾液腺的導管出口，唾液會濕潤食物，使食物形成塊狀，舌頭則會把食塊從深處的咽門送往咽頭。

2. 人一天會產生多少唾液？

唾液腺每天會分泌大約一至一・五公升的唾液，具有保護口腔黏膜及洗淨、殺菌、抗菌、形成食塊等功能。

唾液腺含有多數散落在口腔與咽頭黏膜上的小唾液腺，及三對大唾液腺（舌下腺、頜下腺、腮腺）。

舌下腺、頜下腺的導管出口開口，在舌根下方的舌下小丘（見圖4-24）。張開嘴巴後，來自於舌下小丘的唾液，會囤積在下頜的牙齦和舌頭下方。腮腺的導管開口於臉頰的黏膜，分泌清澈的唾液，使牙齒和黏膜之間的滑溜感更好。

3. 舌頭的真面目是什麼？

舌頭本身是肌肉，不同於胃壁或腸壁的平滑肌，而是和二頭肌或者是小腿肚的肌肉一樣，被分類為橫紋肌。構成舌頭的肌肉有上縱肌、下縱肌、橫肌和垂直肌，可以讓舌頭做出捲曲、伸展的自由運動。只要進行鍛鍊舌肌的訓練運動，口齒就會變得更加清晰。

舌頭表面有舌乳頭，上面有看起來呈現紅色點狀的蕈狀乳頭、圓錐狀的輪廓乳頭、

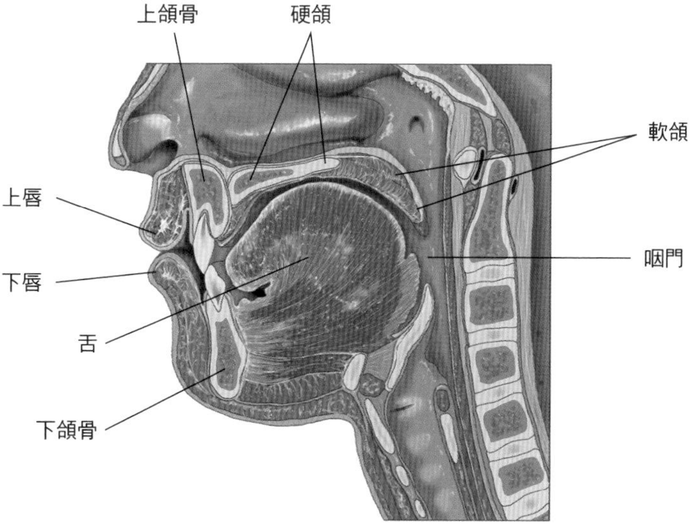

圖4-23　口腔的構造

口腔以U字形的齒列和齒槽為邊界，嘴唇與臉頰之間的部分稱為口腔前庭，有舌頭的內部則稱為固有口腔。

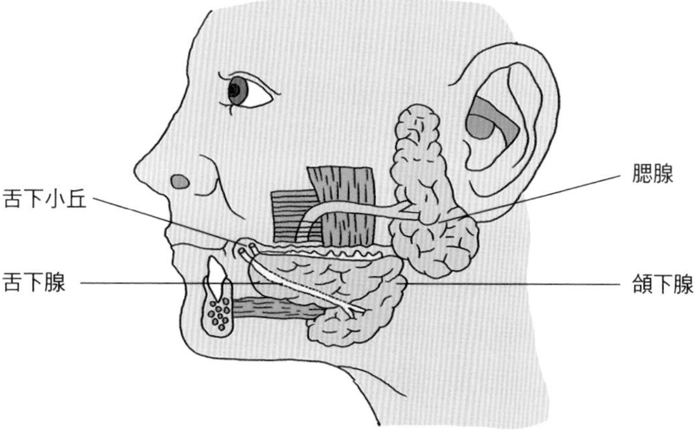

圖4-24　大唾液腺和導管的開口部

來自腮腺的唾液被排放到口腔前庭，使頰黏膜和齒列、牙齦濕潤。來自頜下腺和舌下腺的唾液，則被排放到固有口腔內和食物混合。

角質化呈白色的絲狀乳頭以及葉狀乳頭（見圖4-25）。絲狀乳頭以外的乳頭，都有包含味細胞在內的味蕾。味覺基本上有甜味、酸味、鹹味、苦味、鮮味幾種。而味覺障礙多半都是因為鋅不足所引起。

4. 扁桃腺分泌什麼？

扁桃腺不會分泌任何物質。雖然名稱裡有「腺」字，事實上它屬於淋巴器官，不像唾液腺屬於會分泌某種物質的器官。可是，說它不會分泌物質並不完全正確，因為扁桃**腺是淋巴小結的集合體**，所以會以淋巴結的作用生產淋巴球。

口腔通往咽喉（咽頭）的入口稱為咽門。口腔的頂部（顎）的最深處呈現懸垂狀，俗稱小舌，正式名稱為懸壅垂。懸壅垂的根部到舌頭的根部，以及咽頭的側壁之間，形成兩層弧（弓）狀的咽門側壁，分別稱之為顎舌弓和顎咽弓。前後兩方的弧（弓）狀之間，有被通稱為扁桃腺的顎扁桃腺（見圖4-26）。

感冒時，咽喉紅腫，有時表面上還會呈現白色，且有膿覆蓋，就是因為顎扁桃腺受到細菌或病毒的感染。

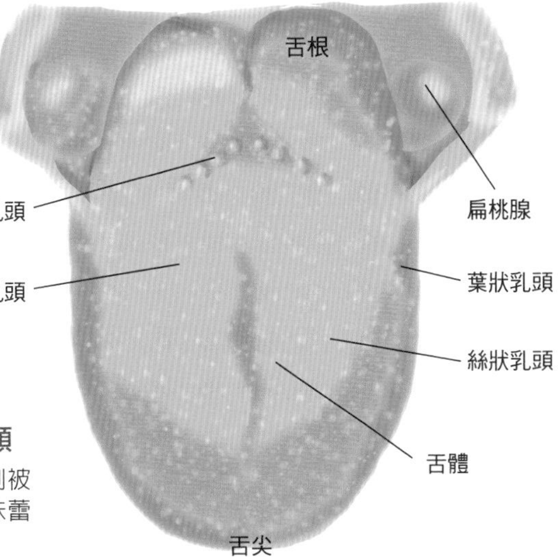

圖4-25　位於舌頭表面的舌乳頭

舌頭屬於橫紋肌，表面黏膜可以看到被稱為舌乳頭的隆起疙瘩，具有名為味蕾的味覺器官和味細胞。

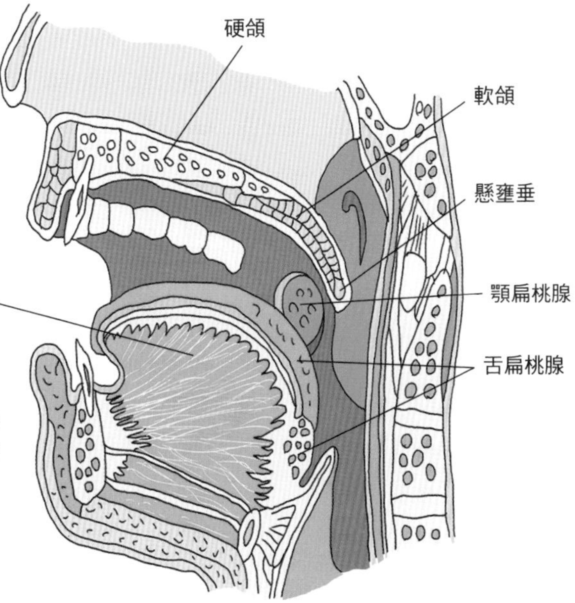

圖4-26　屬於淋巴組織的扁桃

扁桃腺或舌扁桃腺等扁桃沒有輸入淋巴管，由沒有介入淋巴管中途的淋巴結，產生淋巴球。

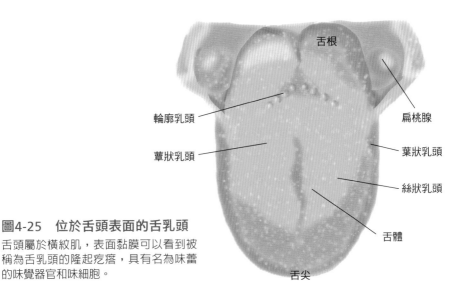

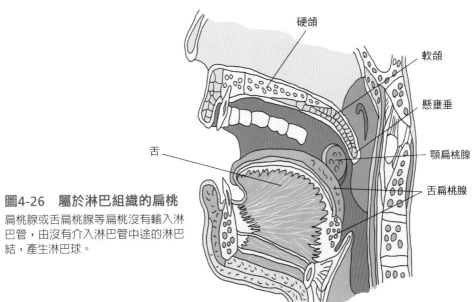

5. 所謂的複齒列，是上頜的犬齒往外側偏移的狀態

成人的牙齒稱為恆齒，上頜和下頜各有十六顆，總計共三十二顆（見圖4-27）。此外，還有位在最後方的牙齒——智齒，通常都是在十幾歲至二十幾歲之間生長，不過，並不是每個人都會長智齒。

三十二顆牙齒分成八種類型，單邊的兩顆前牙呈現咬斷、切碎食物的形狀，稱為門齒，分別又名為正中門齒和側門齒。第三顆牙齒是有些人會長成複齒列的犬齒，第四顆之後的牙齒，呈現宛如把食物放在研缽上面研磨般的形狀，稱為臼齒。第四、五顆臼齒的大小和後方的牙齒不同，稱為小臼齒，而後方的牙齒則稱為大臼齒。

換牙之前的乳牙只有二十顆，成人有五顆臼齒，而乳牙時期只有兩顆臼齒。六歲左右會長出恆齒的第一個大臼齒。

6. 牙齒最硬的部分是哪裡？

牙齒由牙本質、琺瑯質、白堊質所構成，琺瑯質覆蓋在從齒槽突出在外的齒冠表面，是牙齒中最硬的組織（見圖4-28）。

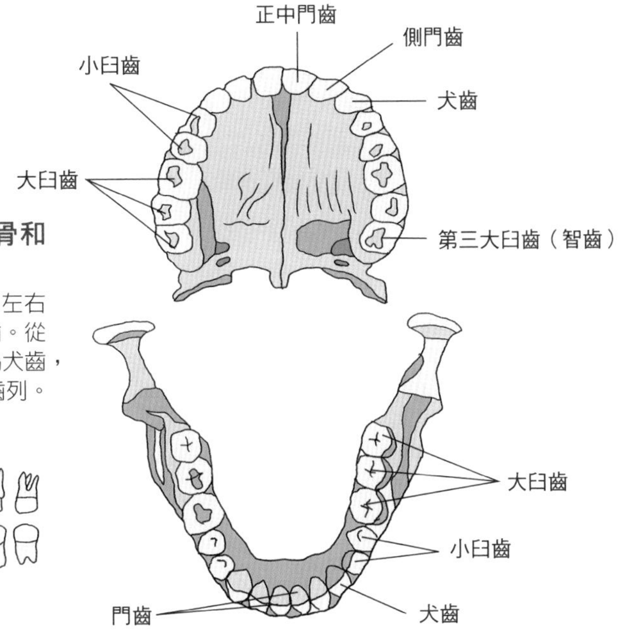

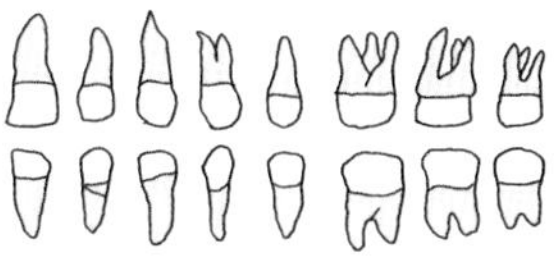

圖4-27　生長於上頜骨和下頜骨的牙齒

恆齒有32顆，上頜下頜的左右分別有2種不同類型的牙齒。從中央算起的第3顆牙齒稱為犬齒，偏離齒列的犬齒則稱為複齒列。

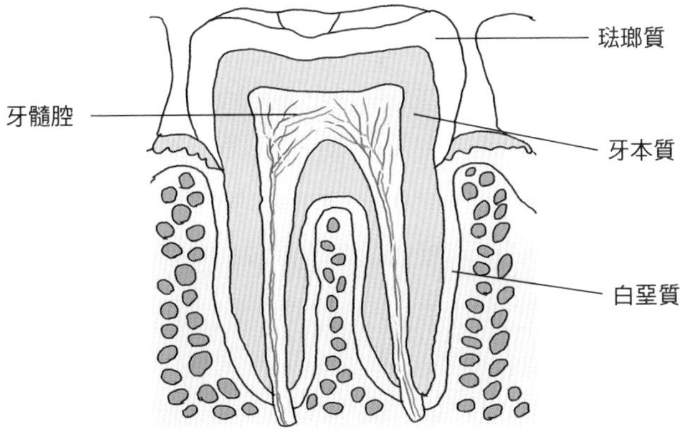

圖4-28　牙齒的構造

牙齒由突出的齒冠和埋於黏膜裡的齒根所構成，牙齒的本體由牙本質、琺瑯質、白堊質3種硬組織構成。

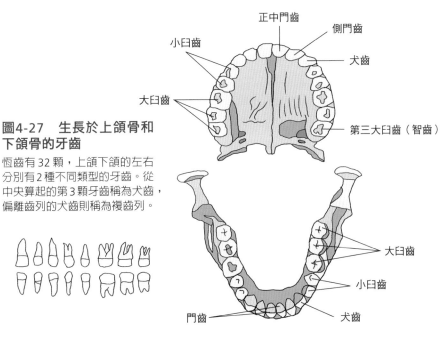

牙齒的琺瑯質是人體最硬的組織，據說摩氏硬度（鑑定礦物的硬度標準）達到六至七。最堅硬的礦物是鑽石，摩氏硬度為十。摩氏硬度七是能夠切割玻璃的硬度。

齒槽內的齒根表面覆蓋著白堊質，內部則是牙本質。牙齒的內部是牙髓腔，腔內是布滿血管、淋巴管、神經的結締組織。當齲齒深入牙髓腔，就會疼痛、出血。

6 拔牙會導致牙齦骨頭消失

1. 上頜和下頜有什麼差異？

上、下頜的牙齒能咬斷、磨碎食物。主要做出動作的是下頜骨，為了用前牙（門齒）咬斷食物，下頜骨會上下活動，然後再往左右、前後活動，然後用後牙（臼齒）來磨碎食物。

齒槽骨裡面有血管和神經，分別分枝到牙髓腔。牙齦出血、齲齒之所以會牙齒痛，就是這個緣故。

下頜骨呈現U字形的板狀。上頜骨的齒槽部分呈現U字形，但是，如果用舌頭去碰觸，就可以碰觸到略微粗糙的口腔頂部，那裡也是上頜骨的一部分，形成口腔和鼻腔的邊界。上頜的後齒齒槽上面有很大的空洞，那個空洞通往鼻腔，名為上頜竇，是副鼻腔的一種（見第一七三頁圖4-29）。

2. 顎骨有幾個？

顎骨有三個。上顎骨被分成左右兩個，下顎骨則左右相連，也就是說只有一個（見圖4-30）。

顎骨會隨著成長增大。下顎骨是板狀且呈U字形的骨頭，增大時，外側壁的骨頭也會跟著變大。可是，如果直接變厚，舌頭的空間就會變小。因此，蝕骨細胞會產生作用，進而破壞內側。

另一方面，上顎骨的齒槽骨呈U字形，上方是左右相連的顎，且有上顎竇這個帶有空洞的塊狀部分。因此，上顎骨被分成左右兩個部分，正中央有接縫，左右兩邊各自朝內外增大。

3. 牙齒拔掉後，顎骨會怎麼樣？

牙齒拔掉後齒槽會後退，並逐漸失去上下的高度。老年人因上、下排牙齒全都掉光，而裝了假牙。只要拿掉假牙，嘴巴周圍就會變得皺皺的，講起話來也會漏風，就是因為牙齦的骨頭消失。

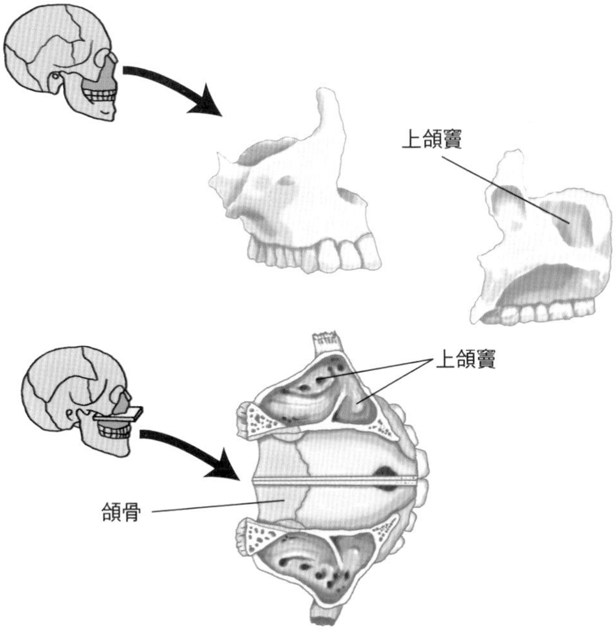

圖4-29　在上頜骨的內部開口的副鼻腔

鼻子位在上頜的前齒上面。鼻腔的側壁和下壁構成上頜骨的一部分，上頜骨的內部有連接鼻腔的大空洞副鼻腔。

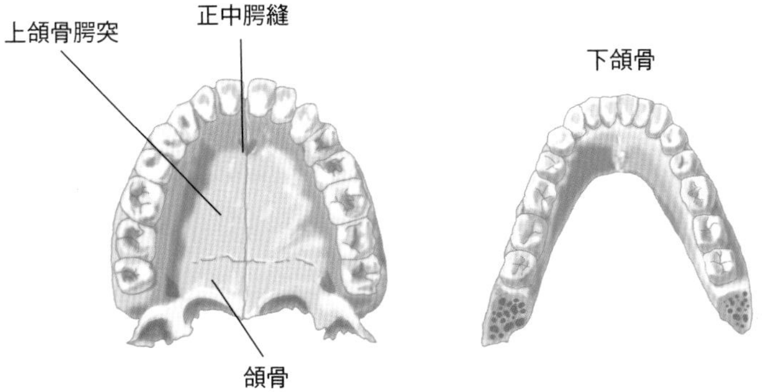

圖4-30　下頜骨只有1個，上頜骨則有左右2個

上頜骨是鼻腔的底部，同時也是口腔的頂部，中央有左右相連的縫隙。

皮膚會新陳代謝，在製造新皮膚的同時，以角質的形式把舊的皮膚代謝掉。**骨骼也會新陳代謝**，但骨骼位在有皮膚覆蓋的肌肉內部，所以沒辦法直接把老廢的骨骼代謝到體外。**而是讓損壞的骨骼細胞被血液吸收。**

要長出新的骨骼細胞，必須有外力的刺激才能生長。埋於頜骨齒槽部分的牙齒，便是外力刺激的來源；**拔掉牙齒之後，該牙齒所接觸的基底部分就不會再生**，所以高度才會後退（見圖4-31）。

4. 治療牙齒時，在牙齦施打麻藥後，為什麼連嘴唇都會麻痺？

前面曾提到，齒槽骨裡面有血管和神經，雖然上頜和下頜是一起的，但是分別進入上、下頜的神經卻不同。來自於大腦的三叉神經分成三條，其中一條是上頜神經，進入上頜的齒槽內（見圖4-32）。該上頜神經的分枝也分布於上唇。因此，上頜的齒肉施打麻醉後，就算捏上唇，也不會感到疼痛。所以，牙醫都會捏嘴唇來確定麻藥是否生效。

通往下唇的神經，是延伸到下頜骨齒槽內的下頜神經分枝。下頜神經的分枝分布於舌頭，所以下頜齒肉施打麻醉時，下唇會麻痺，同時舌頭也會感到些許麻痺。

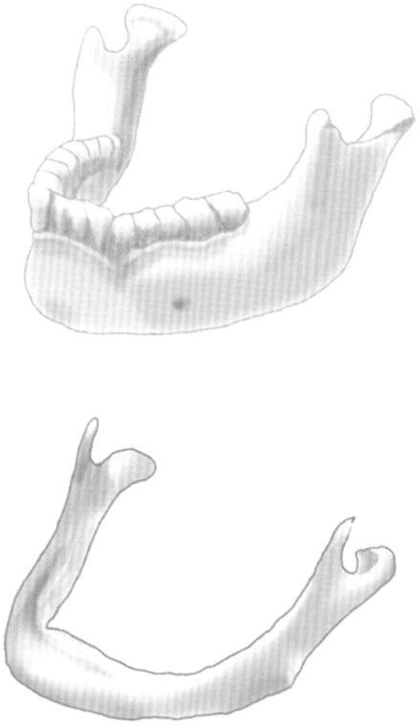

圖4-31 頜骨的齒槽骨後退

沒有牙齒，裝了假牙的頜骨，沒辦法藉由牙齒的刺激來促進骨骼的新生，吸收就會逐漸衰退，使齒槽骨變成扁平。

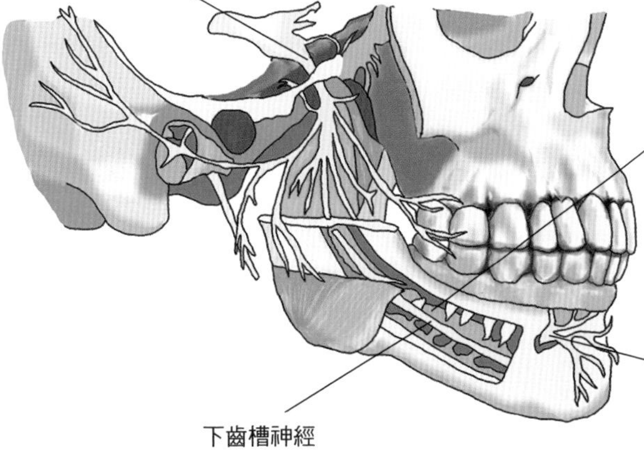

圖4-32 齒槽骨內部的神經與血管的通道

進入頜骨的神經。三叉神經第 2 枝上頜神經的分枝，進入上頜骨的齒槽骨內，三叉神經第 3 枝下頜神經的分枝，則進入下頜骨的齒骨槽內，之後再進入齒根管內。

7 好茶好酒「好入喉」？喉部有食物你就慘了

1. 咽喉是兩種器官

咽喉是解剖學中咽頭和喉頭的總稱，為消化系統和呼吸系統的一部分。喉頭是有聲帶的發聲器官，位在氣道的中途。**氣管連接喉頭**，就是讓空氣流通的管子。聲樂家都是靠訓練進行腹式呼吸，事實上發聲和呼吸息息相關。

喉頭連接著咽頭。咽頭是張開嘴巴就可以看見的深處部分。可看到的部分稱為口咽部，上方連接鼻腔的部分則是鼻咽部。口咽部的下方稱為咽喉部，在後面的下方連接食道，前面則是喉口，連接喉頭（見圖4-33）。因此，**咽頭既連接消化道，亦連接氣道**。

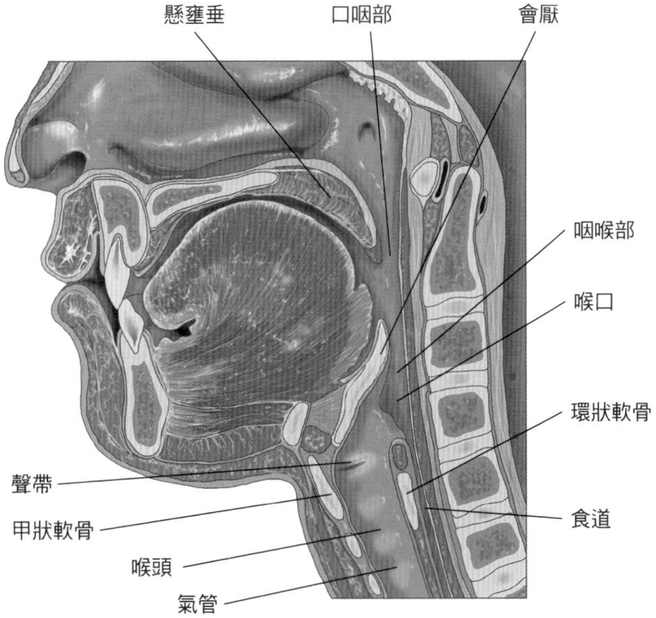

圖4-33　咽頭和喉頭的剖面圖

位在咽頭下方的咽喉部，前方的開口是喉口，喉口前方就是喉頭，聲帶就位在該處。

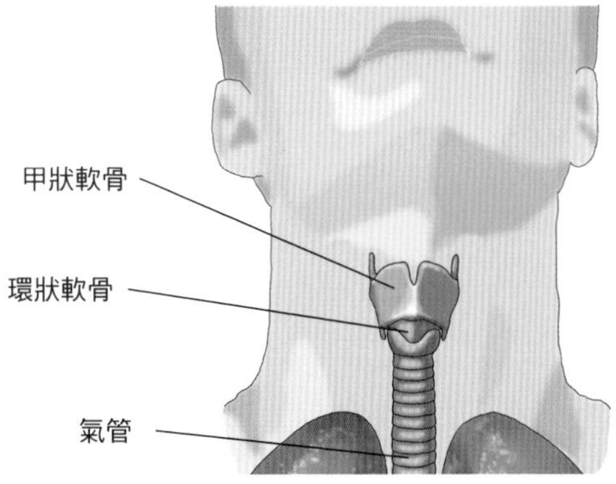

圖4-34　構成喉頭的軟骨

喉頭由位在頸部前方，皮下可觸摸到的甲狀軟骨和其下方的環狀軟骨構成。連接環狀軟骨，由氣管軟骨構成的氣管，就從喉嚨進入胸腔。

2. 放進骨灰罈裡的佛像狀骨頭是喉結？

喉結不是骨頭，而是軟骨（見上頁圖4-34）。喉結稱為喉頭隆起，是構成喉頭的甲狀軟骨突出物。

喉頭內部有聲皺襞（聲帶），是發聲器官。而所謂的喉結，就是成人男性向外突出的喉頭，會在第二性徵如長體毛時出現。就算是原本有著男童高音的孩子，聲音也會在這時變得低沉。

順道一提，喉結又被稱為「亞當的蘋果」，《聖經》提到，亞當在偷吃蘋果的時候，蘋果不小心卡在喉嚨裡，才會導致喉頭向外突出，所以亞當是男性。

3. 咽頭連接口和鼻，之後連接到哪裡？

鼻子藉由鼻淚管和眼睛相通。如果捏住鼻子，從嘴巴吸氣，把空氣送往鼻子，耳朵裡會感覺空氣向外擠壓。鼻咽部的側壁有開孔，有一條管子從這個孔通往中耳（鼓室），稱為耳咽管。也就是說，咽頭和耳朵是相通的（見圖4-35）。在前文曾經提到，耳咽管由鼓膜分隔成外耳和中耳，中耳內也需要外面的空氣，所以呼吸時，空氣通道是從鼻腔接到咽頭，藉由鼻咽部和耳咽管相連。

來自外鼻孔和鼻腔的空氣，會通過口咽部和咽喉部；它們同時也是口腔的飲食物通道，等於是氣道和消化道的共通通道。

4. 來自咽喉部的飲食物為什麼不會跑到喉頭？

氣道和消化道，在口咽部和咽喉部交會。位於咽喉部前面的氣道，是軟骨構成的管腔，亦即喉頭和氣管，使空氣可以更容易通行。不過，液體或固體的飲食物無法進入。

位在咽喉部前方開口的喉口上有會厭，是覆蓋一層黏膜組織的軟骨，位於

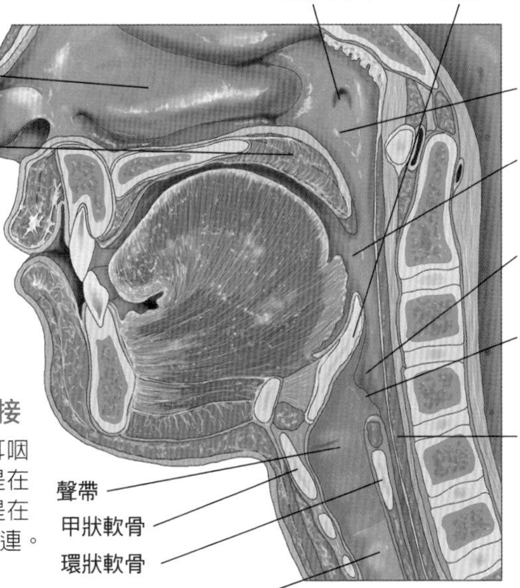

圖4-35　咽頭和其他器官的連接

鼻咽部的前方和鼻腔連接，側壁的耳咽管咽口和中耳連接，口咽部的前方是在咽門和口腔連接，而咽喉部的前方是在喉口和喉頭相連接，後方則與食道相連。

口腔內的舌根正後方。被舌頭往內推的食塊經過咽門後，會推動會厭，使會厭產生活蓋板的作用。

另外，從咽門上方往下懸垂的懸壅垂（小舌頭）會往後上方拉提，形成鼻咽部的底部，阻斷來自鼻腔的空氣流通。所以吞嚥時，無法做出鼻腔呼吸、口腔呼吸，自然就能阻止吞嚥的食物流進氣道（見圖4-36）。

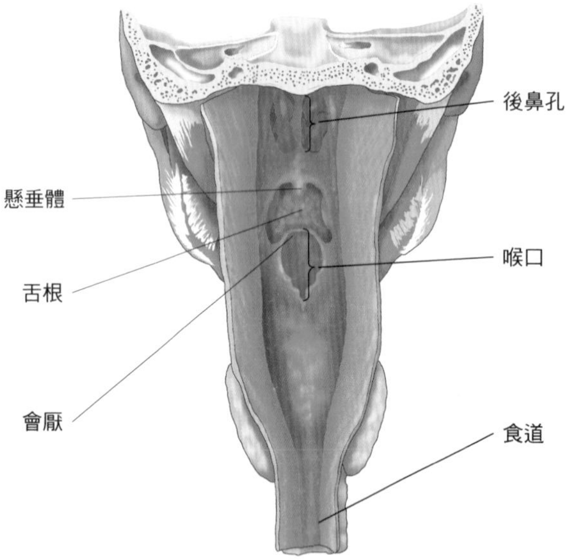

圖4-36　吞嚥時被封閉的氣道部分

利用軟頜（懸壅垂）阻止鼻腔的通路──鼻咽部，同時利用口腔裡的舌頭阻止口腔呼吸，咽喉部通往喉口的通路，則是利用會厭來阻止。

8　頸椎骨、觀音骨與撿骨、手麻

1. 佛像狀的骨頭是第二頸椎？

構成骨幹的骨頭稱為椎骨。脖子的骨頭是位於頸部的椎骨，稱之頸椎，數量共有七塊。人類的頸椎有七節，狗、貓、長頸鹿或是河馬也是七節，不過也有例外，白喉三趾樹懶的頸椎有九節，而海牛只有六節。

在七節頸椎中，第一頸椎和第二頸椎的形狀有些許不同。第一頸椎呈環狀，沒有作為骨幹支柱的椎體，稱為寰椎。第一頸椎的椎體緊黏著第二頸椎，第二頸椎的錐體向上延伸成頭部的旋轉軸，稱為樞椎。如果把此軸（齒狀突）當成頭部，看起來就像佛祖坐禪，因此會被稱為觀音骨（舍利子，見下頁圖4-37）。

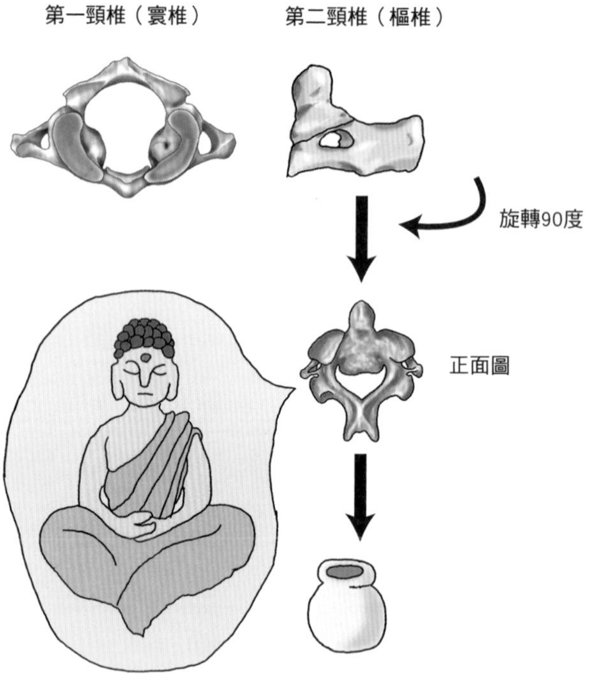

圖4-37　第一頸椎和第二頸椎

承載頭部的第一頸椎，以及頭部的旋轉軸，都被視為「觀音骨」，撿骨時到最後才被放進骨灰罈。

2. 寰椎的學名是發現者的名字？

一般來說，學名是用發現者的名字來命名，不過寰椎（Atlas）卻不一樣。阿特拉斯（Atlas）是希臘神話中神的名字。在希臘神話中，阿特拉斯因為反抗宙斯等人，而遭受擎起天穹的懲罰。如果把頭比擬成天空或地球，在脊柱最上方支撐著頭部的第一頸椎，就像是阿特拉斯頂著天空，因而得此名。

寰椎的主要作用是承載顱骨，構成顱蓋、枕骨和寰枕關節。至於點頭、搖頭等，把頭部往上下或者是左右活動的運動，則是第一頸椎和第二頸椎的寰軸關節的主要作用。

圖4-38　希臘神話的阿特拉斯

第一頸椎的學名Atlas源自於希臘神話。

3. 頸椎的孔數只有一個？

頸椎有三個孔。椎骨有一個椎孔作為內含脊髓的脊柱管，此外，還有左右成對的橫突孔（血管通行的通道，見圖4-39），所以一個頸椎有三個開孔。

頸部可觸摸到的血管是頸動脈。正式名稱為總頸動脈，可以感受到脈搏的正上方又分成二路。因是分歧之前的頸動脈，名稱前面才會加上「總」。分歧的頸動脈一條分布於太陽穴、後頭部、顏面、嘴巴內、鼻子內。另一條則是進入頭骨包圍的腦部，與腦梗塞、腦出血息息相關。除了這條血管外，還有貫穿橫突孔的椎動脈，會從其他的路徑進入大腦，分布於小腦和大腦的後方。

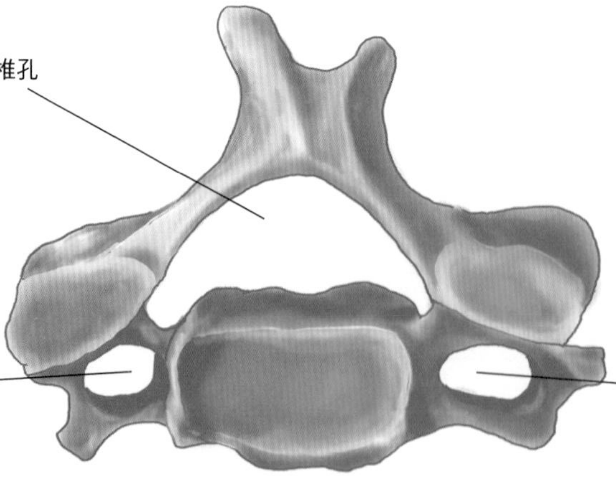

圖4-39　唯獨頸椎才有的橫突孔

除了頸動脈以外，還有負責運送血液到腦部的椎動脈，該動脈通行於各頸椎左右的開孔，名為橫突孔。

4. 為何頸椎損傷手臂會麻痺？

俗稱為馬鞭式創傷（按：又稱頸部鞭打症、揮鞭樣損傷。造成此創傷的原因是突然有拉扯或抽動，讓肌肉和韌帶伸展超過正常動作範圍，進而造成頸部軟組織受傷）的頸椎損傷，其中一個症狀是手臂麻痺或者疼痛。這是因為從七節頸椎之間，往左右延伸出的神經根受損所致。

椎骨重疊而成的脊柱內部有脊髓。從脊髓連接皮膚或肌肉之間的神經——脊髓神經，其出口是在上下椎骨之間開口的孔（椎間孔，見圖4-40）。所以，上下椎骨一旦偏移，就會對神經造成壓迫損傷。

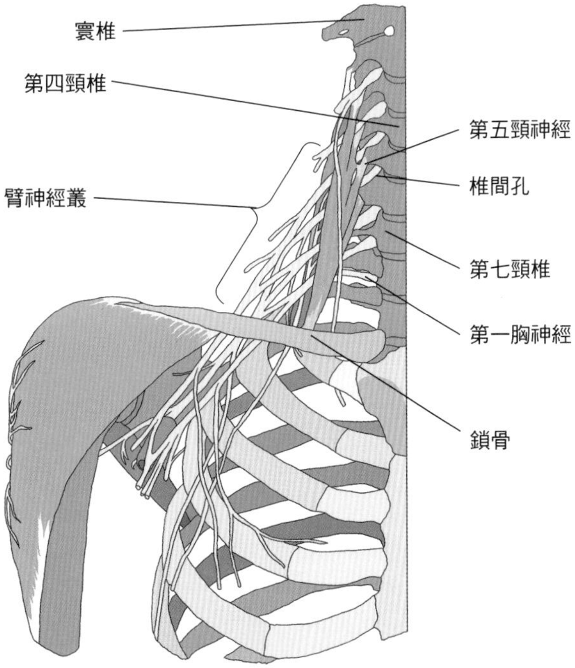

圖4-40　脊髓神經通行的椎間孔

各椎骨的椎孔上下相連，形成內含脊髓的脊柱管。從脊髓連接出的是脊髓神經，而從脊柱管延伸出的孔則是椎間孔。

從第五頸神經（在第四頸椎和第五頸椎之間連接）以下，到第一胸神經的五對神經構成臂神經叢之後，會分枝出神經枝，分布於手臂皮膚與肌肉。因此，當馬鞭式創傷等疾病致使這些神經損傷時，手臂就會出現這些症狀。

解惑時間：頭那麼大，產道那麼小，怎麼過？

額頭屬於臉？還是頭？頭和臉不一樣。所謂的頭腦好是指記憶力、想像力和分析力等腦部的作用良好。也就是說，和腦相關的部分就稱為頭。圍繞腦部的骨頭稱為腦顱；頭部後方的骨是枕骨；額頭的骨頭則是覆蓋腦部前面的頭骨，稱為額骨。

這些頭骨在胎兒時期，並非完全以骨骼狀態包圍腦部，而是以膜包圍腦部。胎兒從剛出生到一年或一年半左右，額頭正中央的髮際附近，有個菱形的柔軟部位，被稱為前囟門。此部位不是頭骨，而是膜。胎兒時期，那個薄膜圍繞著腦部，之後，膜的各處會開始形成點狀的骨頭，點狀會接著形成波狀，最後成為包圍腦部的腦顱骨。

骨化點在成長後也能看出其位置。額骨形成的起點，位於額頭左右部各自的中央，靠近髮際、皮膚膨脹處。另外，頭頂部兩側可感受到的突出部位，就是顱頂骨形成的起點。從這四個點分別畫出圓形，並且和相鄰的圓形連接形成菱形。此形狀就是還沒骨化形成波狀骨骼的膜——前囟門。只要骨頭和骨頭的接縫沒有完全密合，就可以改變頭的形狀，因此出生時就可以順利通過狹窄的產道。此外，出生之後就算腦部生長，容納腦部的空間也能變大。也就是說，嬰兒剛出生時，頭部並不是完全密合的頭骨，而是保留了些許的膜。

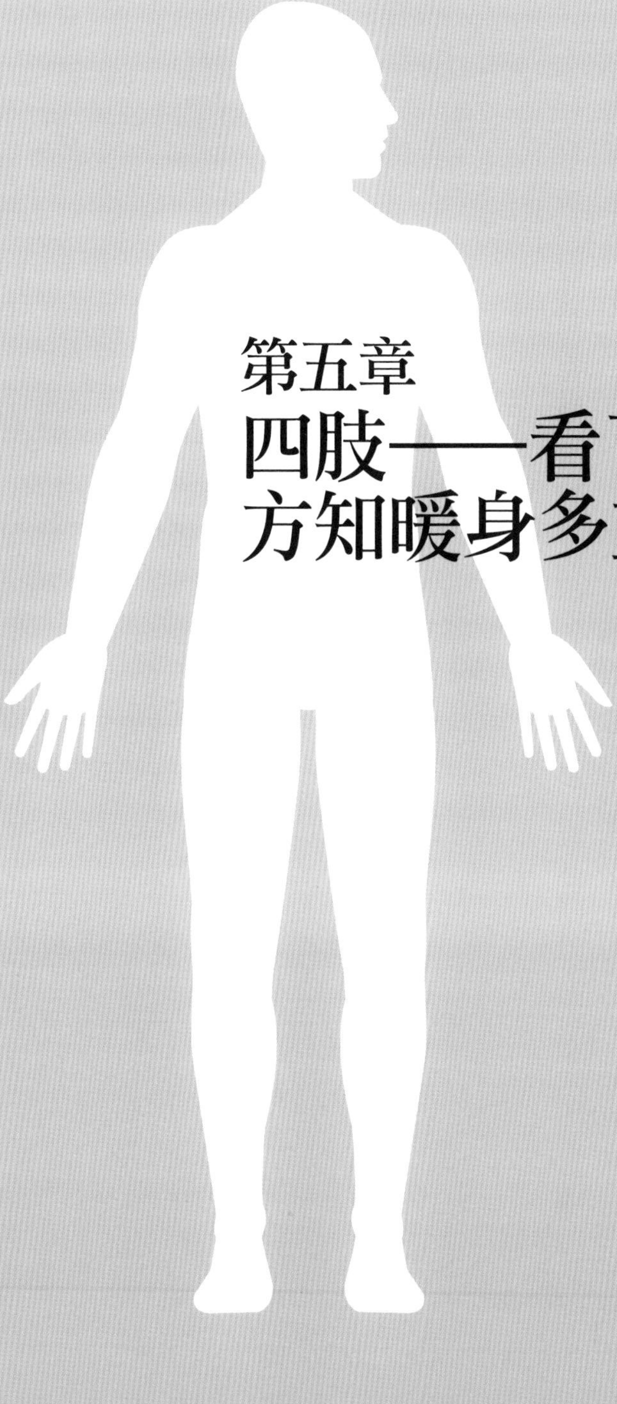

第五章
四肢——看了解剖圖，方知暖身多重要

1 上肢解剖圖示：了解罩門所在，靈活不受傷

1. 肩、肘、腕，容易脫臼的部位是哪裡？

容易脫臼的部位是肩關節。肩膀的根部（肩關節），是外凸圓（骨頭）和內凹圓（關節窩）相連接，使手臂能夠做出往前後左右舉放、往內轉或外轉的運動。

人類的前肢從步行進化成上肢，因此手臂和手的動作、作用變得更多元且細膩，同時也是人類創造文明的功臣之一。

肩關節是上肢活動的動作根基，因為肱骨頭呈現半球體（見圖5-1），而且關節窩比較淺，所以可動範圍相當廣，也可以做更多元的動作，但也因為關節窩較淺，所以這個部位比較容易脫臼。

2. 夾緊腋下用哪裡的肌肉？

如果想要夾緊腋下，就必須活動肩關節。腋下凹陷的部位是腋窩。當你掐住腋窩前面的肌肉，會覺得此處相當柔軟，若此時夾緊腋下，會發現被掐住的肌肉變得緊繃，這裡就是夾緊腋下時會使用的肌肉。沿著肌肉來到胸前，便知道那塊肌肉覆蓋著胸部，其實就是胸大肌。此外，夾緊腋下時，腋窩後面的肌肉也會變緊繃。這塊肌肉從肩胛骨的下方覆蓋整個背部，並一路來到腰間，稱為闊背肌（見下頁圖5-2）。

抱胸以及夾緊腋下等肩關節運動，是藉由胸大肌和闊背肌等位於體幹的肌肉，所做出的運動。

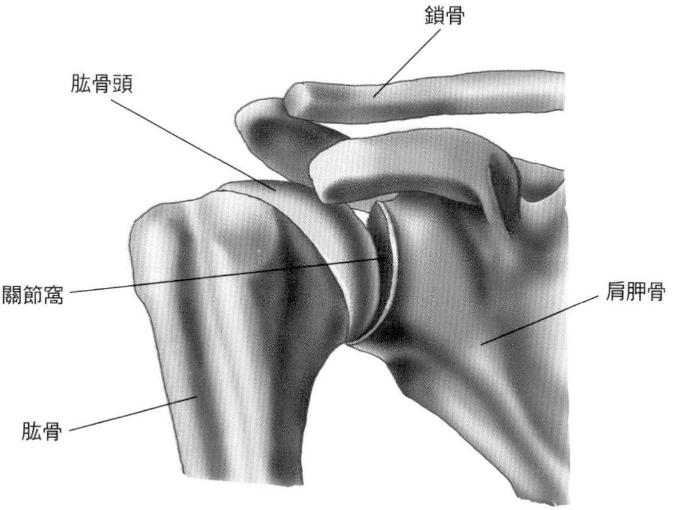

圖5-1　肩膀的關節呈半球體

肱骨頭（半球體）嵌入肩胛骨的關節窩，為了使運動範圍更廣，關節窩呈現略淺的凹陷，因此比其他關節更容易脫臼。

3. 手肘彎曲後隆起的二頭肌，為什麼稱為肱二頭肌？

活動關節的肌肉會收縮、隆起、變得緊繃。伸直手臂，把另一隻手的手指放在手肘前面的凹陷處，此時若彎曲手肘，手指會稍微被抬起，同時可以感受到肌肉——肌腱。

肌腱屬於肌肉的一部分，附著在骨頭上。可碰到的肌腱穿過手肘的關節前面，附著在前臂的骨頭上，一路延伸到上臂（肱）的二頭肌。二頭肌朝肩膀方向隆起，前端有兩條觸摸不到的肌腱，附著在肩胛骨上面。手肘那一端的肌腱部分稱為肌尾，正中央隆起的部分是肌

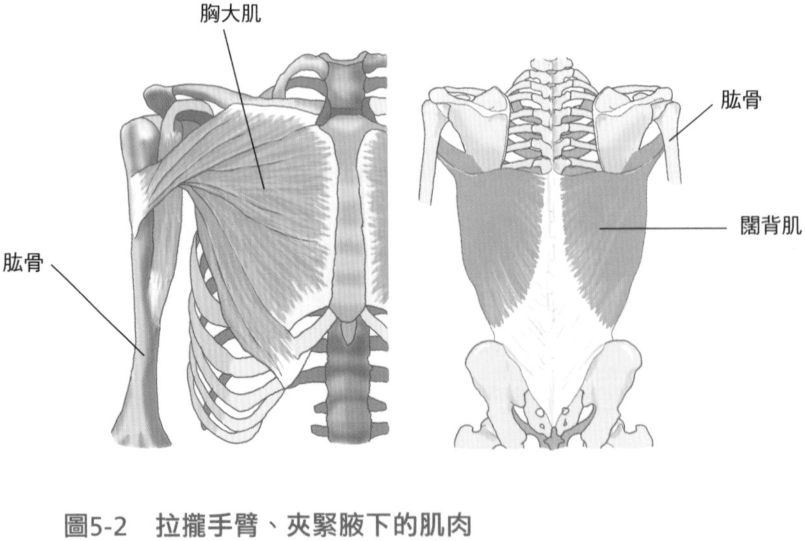

圖5-2　拉攏手臂、夾緊腋下的肌肉

活動肩膀關節，夾緊腋下的肌肉，是位於胸前的胸大肌和背後的闊背肌。

腹，肩膀那一端的肌腱部分則是肌頭。兩條肌腱把肌頭分成兩個。

因為有兩個肌頭，故稱為二頭肌，又因為位於上臂（肱），所以才會稱之為肱二頭肌（見圖5-3）。

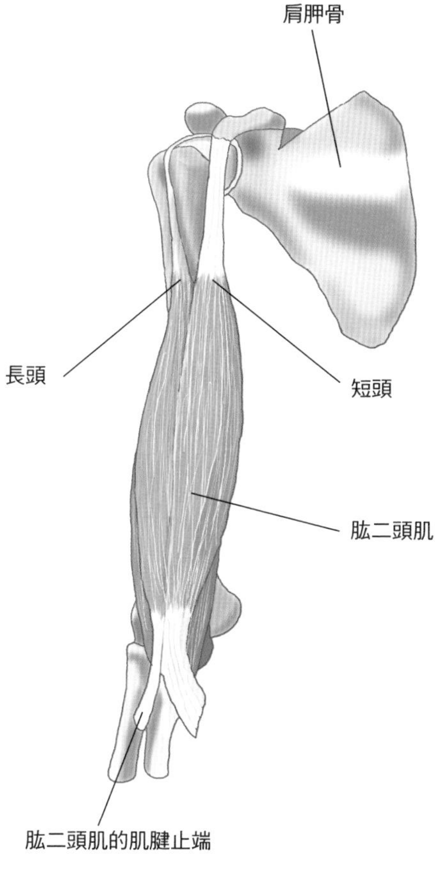

圖5-3　彎曲手肘的二頭肌——肱二頭肌

靠近身體的肌肉稱為肌頭。位於上臂的二頭肌在靠近身體的地方分成2條，形成2個頭，所以稱之為二頭肌。

4. 為什麼手肘內側可以測到脈搏？

手肘彎曲後，可碰觸到肱二頭肌的肌腱，而該條肌腱的內側還可碰觸到另一條肌腱。那是位於肱二頭肌下方的肌肉，稱為肱肌。

只要觸摸肱肌的肌腱內側，就可以感受到明顯肱肌的脈動（見圖5-4）。可是，如果用手指在上方滑動，因為它會陷進二頭肌的下方，所以無法感受到脈動。

動脈負責運送從心臟流出的血液，其行進的路線多半都在體內深處，被較沒有危險的部位（如骨頭或肌肉）覆蓋。位在手臂處的動脈也一樣，離開胸廓後，經過鎖骨下方，從肩膀處進入腋下，來到上臂時，則被肱二頭肌所覆蓋，行進於內側。

可是，肱二頭肌在肘部變成肌腱後，就會變細，無法遮擋住動脈，因此在此處就能夠摸到脈動。

5. 手腕可以測到脈搏的是拇指端？還是小指端？

靠近前臂手肘部分的肌肉會在手腕變成肌腱，附著在手骨、指骨上面，使手腕或手指能夠做出屈伸運動。

前臂手掌端的肌肉能彎曲手腕或手指，從手肘內側突出的骨頭開始，在手腕附近變成肌腱。變成肌腱後，就無法完全覆蓋動脈，因此我們可以在肌腱旁邊觸摸到脈搏（見下頁圖5-5）。

手肘內側可測得的肱動脈前端，分別通往手掌的拇指端和小指端。只要握住手指，彎曲手腕，就可以**在拇指端的肌腱旁測到脈搏**。

前臂有兩條骨頭，拇指端的骨頭稱為橈骨，可從鷹嘴突觸，摸到的小指端的骨頭稱為尺骨，拇指端的動脈稱為橈動脈，用來測量脈搏。

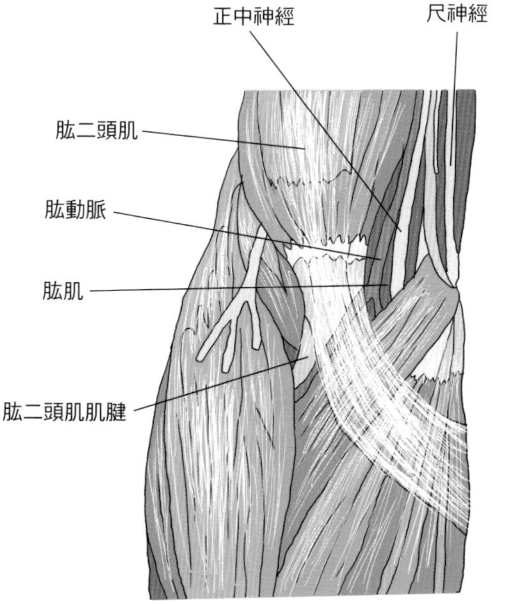

圖5-4　手肘內側可以測到脈搏

肱二頭肌在手肘附近會聚集變細，形成肌腱。肱動脈在手肘部位不會被二頭肌覆蓋，所以可以測到脈搏。

6. 碰到手肘時，從前臂延伸到小指端的麻痺是哪條神經麻痺？

是尺神經麻痺。手肘的內側可以觸摸到突出的骨頭，如果進一步找出突出骨頭後面的溝槽，應該可以摸到如肌肉般的物體——神經。所以若強力壓迫或是撞到時，就會感到酥麻、麻痺。因為內側小指端是尺骨端，所以稱為尺神經（見圖5-6）。那條尺神經也會通往手腕前面的內側。當手腕彎曲時，肌腱會把皮膚往小指端推出，如果按壓此肌腱的正中央會感到疼痛，就代表壓到尺神經。

此外，手掌及手背的小指端，也有尺神經的分布。手肘內側、前臂內側、手腕內側一直到手掌和手背的小指端、

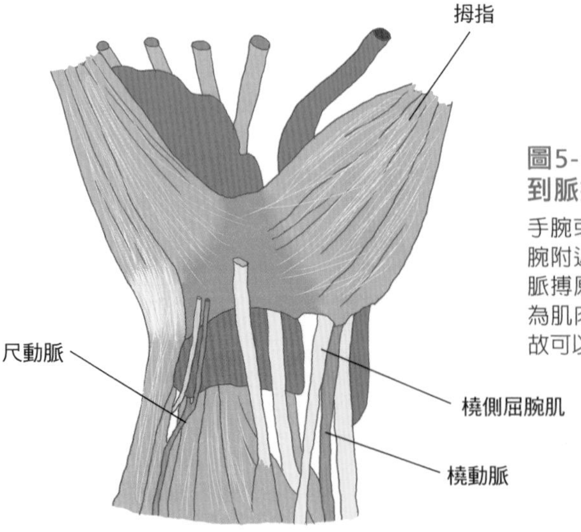

圖5-5　手腕的拇指端可以測到脈搏

手腕或彎曲手指的前臂肌肉，在手腕附近會變成肌腱，通往手掌端。脈搏原本覆蓋在肌束的下面，但因為肌肉變成肌腱，所以無法覆蓋，故可以測到脈搏。

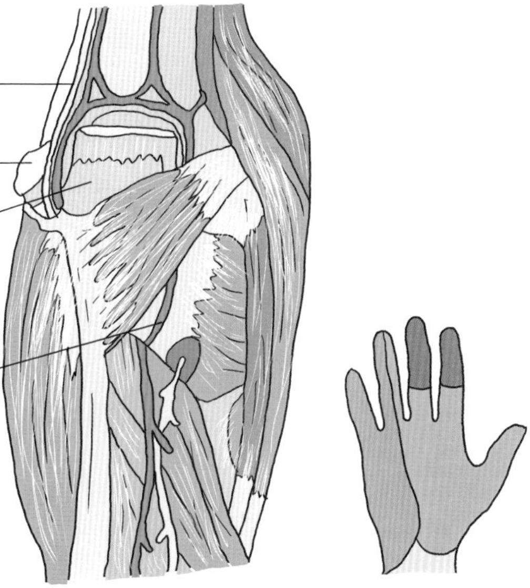

圖5-6　在手肘內側骨頭突出部底下的尺神經

從前臂通往手部的神經，包括外側的橈神經、內側的尺神經和從正中央通行的正中神經。

無名指，都有尺神經分布，所以碰撞時才會產生麻痺感受。

7. 手背也能測到脈搏

從手腕上可以測到橈動脈繞到底下，也能在拇指的根部觸摸到脈搏。伸長拇指，把手掌翻過來看，就可以看到傾斜浮出的肌腱，其根部的內側下方有個凹陷。只要把手指放在凹陷處，就可以觸摸到皮下的脈動。

那條傾斜的肌腱，是延伸到拇指前端的伸拇長肌；而凹陷下方的肌腱，則是伸展拇指根部的伸拇短肌，這兩條肌腱之間的凹陷，在醫學上稱為解剖鼻煙盒（見第二〇〇頁圖5-7），據說過去的人會把菸草放在這裡吸食，所以才會有這樣的名稱。

把拇指翻過來時，只要按壓拇指和食指之間的根部，就會感到疼痛，中醫稱這裡為合谷穴，據說具有舒緩肩頸僵硬、頭痛、牙痛、恢復視力、改善便祕等各種不同療效。

8. 拇指以外的手指無法單獨伸直的原因

彎曲手指，做出握拳狀，接著在不展開其他手指的情況下，試著單獨伸直每一根手指。拇指可以單獨伸直；如果不放鬆中指，食指就無法伸直；不放鬆無名指，小拇指無法伸直；如果不放鬆旁邊的手指，中指和無名指就只能舉起一半。

伸指肌負責伸展拇指以外的手指，其前端分成四條肌腱，分別通往各手指（見下頁圖5-8）。

手背上的肌腱和旁邊的肌腱平行相連，形成腱間結合。**為了讓握著東西而彎曲的手指，在放開時可以四指同時伸展，所以肌腱才會相互連結**，尤其中指和無名指因左右相連，所以如果不伸展兩邊的手指，就會很難伸展。

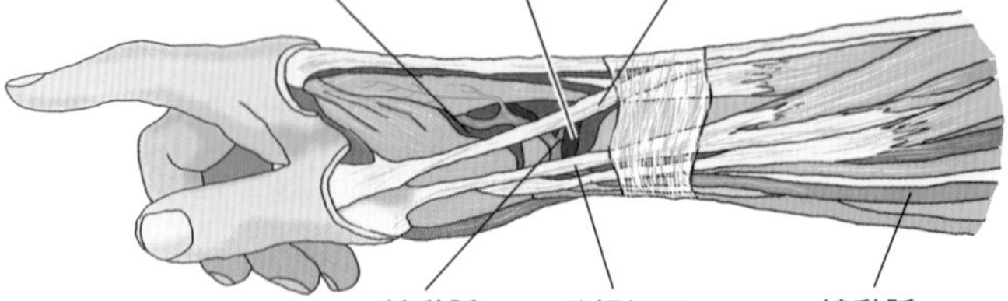

圖5-7　解剖鼻煙盒也能測到脈搏

橈動脈經由外展拇長肌肌腱和伸拇短肌肌腱的下方，繞到手背端，進入解剖鼻煙盒，所以在手腕前段的橈側可以測到脈搏。

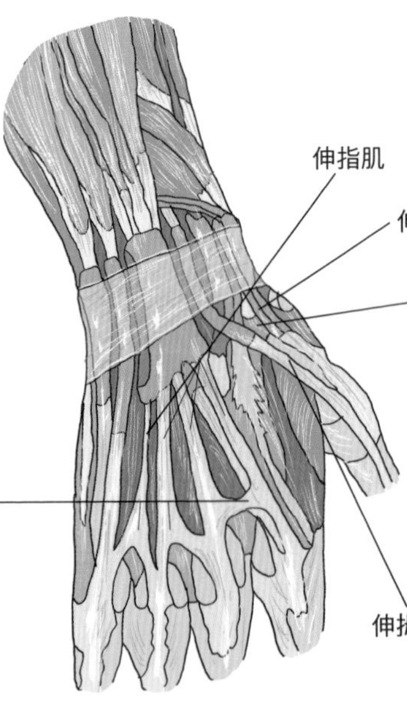

圖5-8　將 4 條伸指肌連在一起的腱間結合

前臂背面的伸指肌的肌尾分成 4 條，各自的肌腱從手背通往第 2 到第 5 手指。4 條肌腱之間有將彼此連接起來的腱間結合。

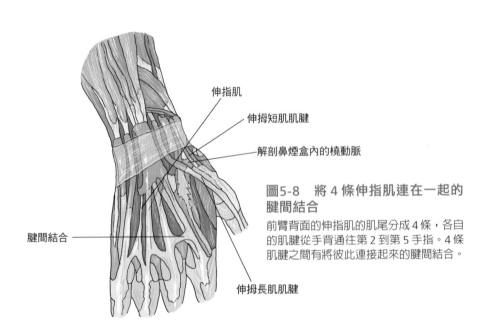

2 韌帶肌腱關節足弓……下肢使用前務必詳閱說明

1. 像臼那樣的凹陷位在哪裡？

腿根部的髖關節，對雙腳站立、步行來說十分重要，是由幾乎呈現球體的股骨頭，以及如臼一般，有深窟窿的髖臼所構成（見下頁圖5-9）。

股骨體呈現棒狀，為了把股骨頭放進髖臼裡，股骨頭的上面有傾斜變細的股骨頸。隨著年齡增長，骨頭內部變得空洞，進而演變成**骨質疏鬆症**，**股骨頸也會在這時脆化**，一旦不慎摔倒折到，就會引起股骨頸骨折。

股骨頸一旦骨折，就無法靠雙腳支撐身體、站立跟步行。**若要預防這個問題，就要多運動、走路**。

2. 為什麼練腹肌做V字平衡時，大腿前側也會痛？

V字平衡是指把雙腳往上抬，同時挺起上半身，使身體呈現V字形，能用來鍛鍊腹肌。挺起上半身時，腹直肌會受力，達到腹肌運動的效果。雙腳抬起後，髂腰肌就會施力，當髂腰肌抬起股骨的同時，會彎曲髖關節。但是，因為附著在股骨的肌肉，只延伸到靠近腿根部附近的股骨小轉子，並沒有來到大腿的前面。

做V字平衡時，會產生疼痛感的是大腿前面的股直肌。這條肌肉的作用是伸展膝蓋，但是，肌肉的起點從髖骨開始，通過髖關節的前面，所以在髖關節

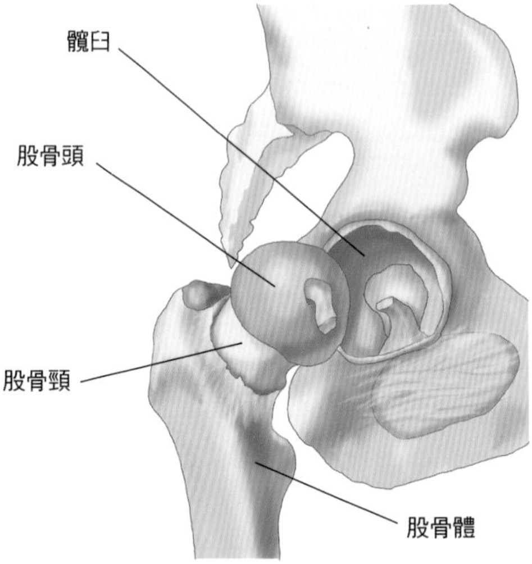

圖5-9　人體中最大的髖關節

雖然比不上肩關節，不過，髖關節的可動區域仍不算小。髖關節是由幾乎呈現球體的股骨頭，以及如搗麻糬的臼一般，有著深窟窿的髖臼所構成的關節。

彎曲時也會產生作用（見圖5-10）。因此，做V字平衡時也會使用到這個部分的肌肉，所以這塊肌肉才會疼痛。

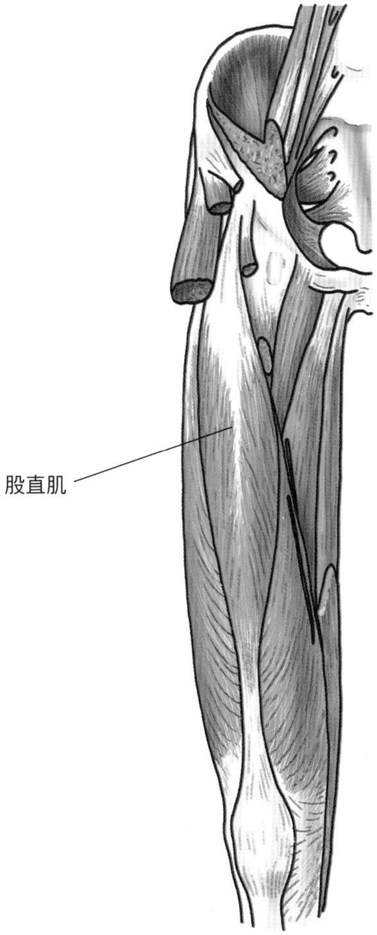

圖5-10 腿前面的肌肉——股直肌

位於大腿前面中央的股直肌，從骨盆的髖骨開始延伸至小腿的脛骨，經過2個關節的肌肉，作用於髖關節的彎曲，和膝關節的伸展。

3. 十字韌帶不是一條韌帶嗎？

有時候新聞會報導：運動員外傷導致十字韌帶斷裂。仔細一看，報導中寫的是膝前十字韌帶。既然有「前」十字韌帶，就有後十字韌帶。在膝關節裡，是不是前後都有十字韌帶呢？

我們看到的簡單十字架，是兩條細長的板子呈現交叉狀。膝關節是股骨和脛骨組成，兩條韌帶交叉在關節腔內呈十字，將上下固定連結，前方的一條稱為前十字韌帶，後方的一條則稱為後十字韌帶（見圖5-11）。

十字韌帶的損傷會導致膝關節呈現不穩定狀態，於是出現膝關節**彎曲時膝蓋無力**，導致步行困難等問題。尤其是

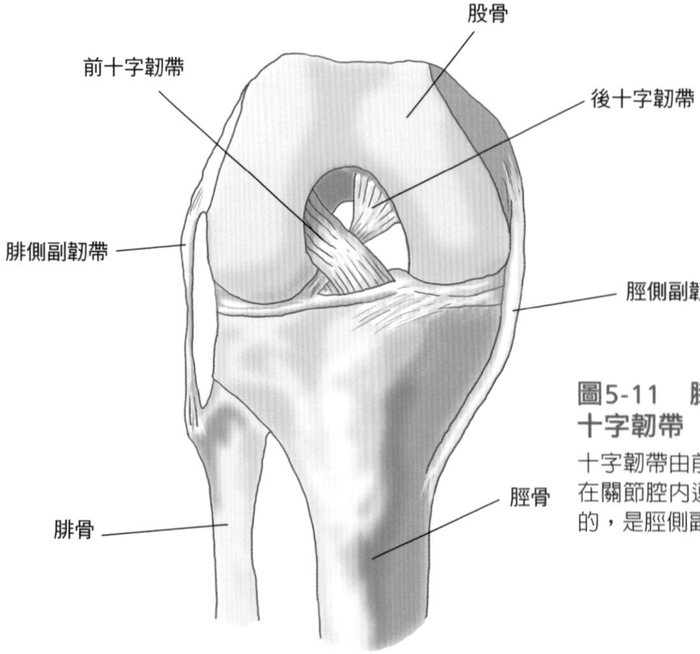

圖5-11　膝關節的關節內韌帶——十字韌帶

十字韌帶由前十字韌帶和後十字韌帶構成，在關節腔內連接股骨和脛骨，而按住兩側的，是脛側副韌帶和腓側副韌帶。

前十字韌帶的損傷，對膝蓋的疼痛和動作影響更大。

4. 半月板由什麼構成？

膝關節由股骨的內髁、外髁和脛骨的內髁、外髁構成。透明軟骨覆蓋的關節面，在股骨側向下的凸部和脛骨上面的淺凹形成關節。

因脛骨上方凹部承載股骨向下凸部的部分比較淺，所以很難避免骨頭朝水平方向偏移。因此，外圍部分有些許隆起，藉此增加凹陷深度。要注意的是隆起部不是骨細胞，而是由纖維軟骨構成。因為沿著內側和外側的邊緣，形成半月形的板狀，所以就被稱為膝關節半月板、半月板（見下頁圖5-12）。

半月板和韌帶一樣，有可能在運動過程中扭傷膝蓋而引起損傷，由於半月板的功能相當於膝關節的軟墊，使膝關節可以順暢動作，所以受損的時候，膝蓋會感受到強烈的劇痛，造成步行困難。

5. 大腿和上臂一樣有二頭肌？

彎曲膝蓋的肌肉位在大腿的後面，所以膝蓋能向後彎。彎曲膝蓋，把手放進膝蓋後面，可以摸到凹陷，也就是膝窩。膝窩的內側可以摸到兩條肌腱，外側則有一條。

外側是腓骨，位於小腿外側，股二頭肌的肌腱附著在這裡；內側則是半腱肌和半膜肌的肌腱，附著在脛骨上面。大腿也有二頭肌，這些大腿後面的屈肌被稱為腿後肌（見圖5-13）。只要坐著磨蹭臀部，就可以碰到坐骨，腿後肌的起點就從坐骨開始。

坐骨是骨盆的一部分，所以這些肌肉會用來伸展髖關節。因此，腿後肌除

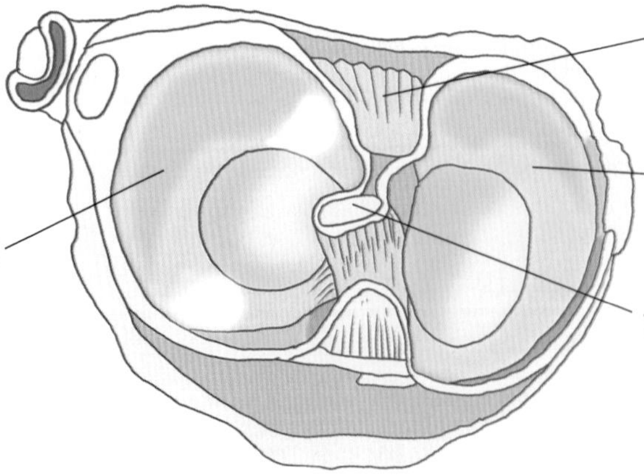

圖5-12　膝關節內，由纖維軟骨構成的半月板

為了加深脛骨上面的淺關節面，纖維軟骨在外圍環繞形成半月狀的關節半月板，分成內側半月板和外側半月板。

了是走路、跑步、跳躍等下肢運動所必要的肌肉外，在肌肉訓練和伸展運動等訓練上，也相當重要。

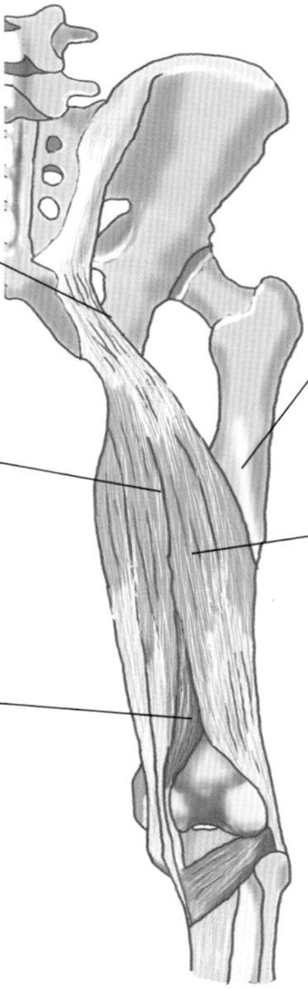

圖5-13　腿後肌之一的股二頭肌

大腿後面由股二頭肌、半腱肌、半膜肌構成的屈肌群被稱為腿後肌，主要作用是膝關節的彎曲。

6. 股四頭肌和股直肌的關係？

股四頭肌是伸展、彎曲膝蓋的肌肉，位在大腿前面。肱二頭肌和股二頭肌有兩個肌頭，是長頭和短頭。步行時不斷伸展膝關節的股四頭肌有四個肌頭。分別是股內側肌、股中間肌跟股外側肌，這些肌頭分別起始於股骨。還有一個肌頭是股直肌（見圖5-14），它穿過髖關節，從骨盆當中的髖骨開始，延伸到大腿前面中央。股直肌是股四頭肌的一部分，負責膝關節的伸展，同時也與髖關節彎曲息息相關。

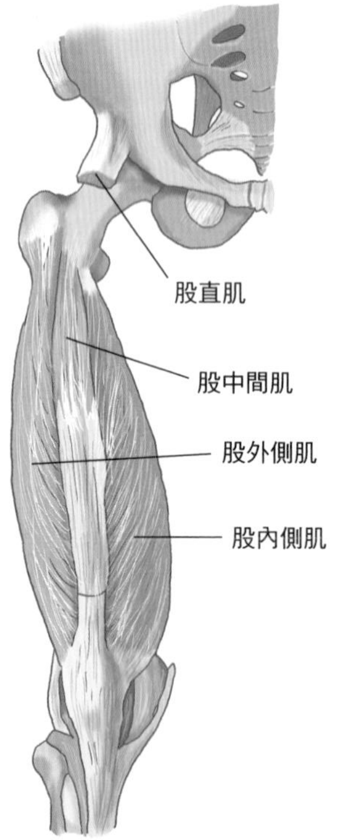

圖5-14　股直肌也是股四頭肌的肌頭之一

大腿前面的伸展肌群，股四頭肌的四頭分別是股內側肌、股中間肌、股外側肌和股直肌。

7. 什麼是阿基里斯腱？

不管走路還是跑步，都得先抬起後腳跟，再用腳尖使力推向地面往前進。後腳跟上面可觸摸到的肌腱，是附著在跟骨上的阿基里斯腱（跟腱）。

如果沿著阿基里斯腱往上觸摸，就是小腿肚的肌肉。只要墊起腳尖，面向膝蓋端的小腿肚就會變得緊繃。這塊肌肉稱為小腿三頭肌，是用來抬起腳後跟的肌肉，而阿基里斯腱就是這塊肌肉的肌腱。

若運動傷害導致**阿基里斯腱斷裂**，**小腿三頭肌就不會和後腳跟連接**，因此無法走路。抬起後腳跟後，變得緊繃的小腿肚稱為腓腸肌，是小腿三頭肌的其中兩個肌頭，分別是內側頭和外側頭，另一個肌頭則被稱為比目魚肌（見下頁圖5-15）。

8. 走路和跑步有什麼不同？

人站立的時候，雙腳平貼在地面。藉由讓腳離開地面來移動身體。移動時，跑步會雙腳同時離開地面；若是其中一隻腳平貼在地面，就是走路。競走比賽的規則中，有一個規定是：「任何一隻腳必須隨時接觸地面」。

為了踢開地面，把腳往前邁出，就要利用小腿三頭肌抬起後腳跟。往前邁步時，會抬起腳尖，再用後腳跟著地。反覆快走之後，脛（小腿）前側的肌肉（脛前肌，見圖5-16）會產生疼痛感，這塊肌肉就是抬起腳尖的主要肌肉。

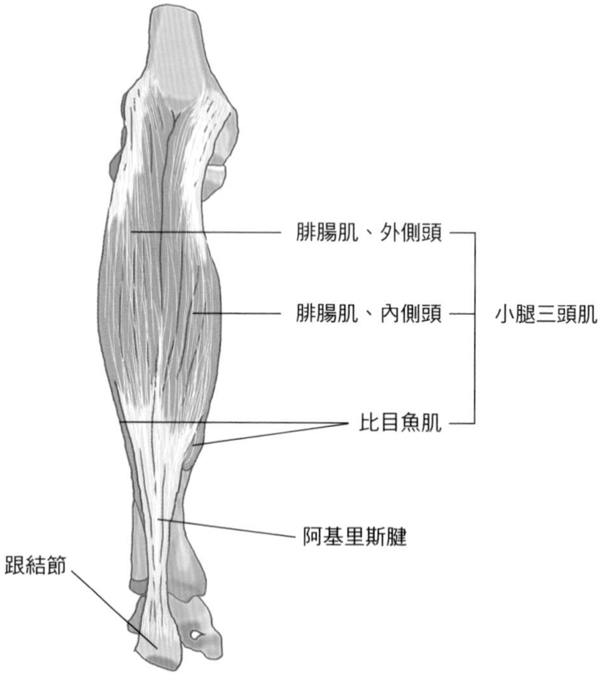

圖5-15　阿基里斯腱是小腿肚肌肉的止端肌腱

小腿肚的肌肉由腓腸肌的內側頭、外側頭和比目魚肌3個頭構成小腿三頭肌，並在肌尾集結成阿基里斯腱，終止於跟骨。

9. 腳關節不是跟骨之間的關節

和前臂相同，小腿也有兩支骨頭，由脛骨和腓骨構成。

脛骨是從膝蓋下方的突出部位起，一路延伸到內腳踝，可在皮下觸摸到；而沿著形成膝窩外壁的股二頭肌的肌腱往下，就可以觸摸到肌腱附著的腓骨頭突出，這就是腓骨的起點；之後的骨頭因為有肌肉覆蓋，所以無法在皮下觸摸到，而外腳踝就是腓骨的最下端。

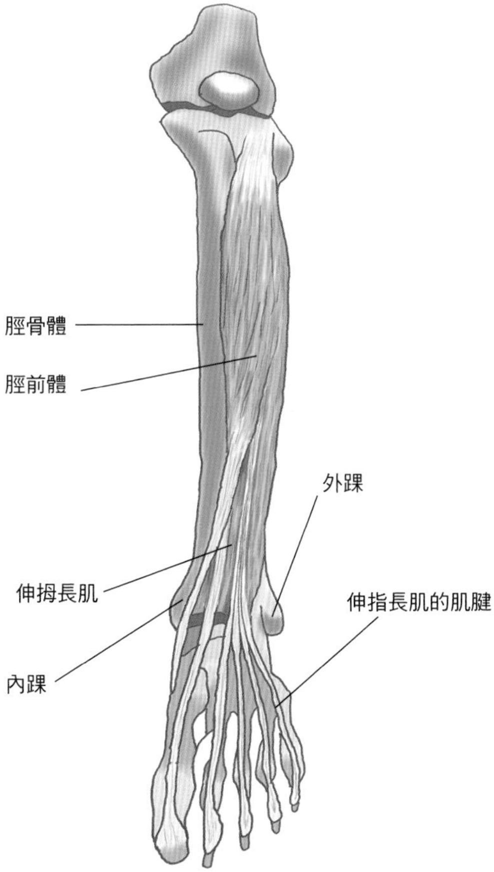

圖5-16　背屈腳關節的脛前肌

如果持續快走，小腿（脛）前面的肌肉就會疼痛。那塊肌肉是脛前肌，用來抬起腳尖，藉此讓後腳跟下壓，使腳關節做出背屈運動的肌肉。

腳脖子（腳踝）的關節，也就是腳關節，夾在脛骨的內腳踝和腓骨的外腳踝之間，而跟骨前側上面連接距骨。腳關節位於小腿骨與距骨之間，又稱為踝關節（見圖5-17），主要作用是在步行時抬起腳後跟，使腳尖做出蹠屈的動作（按：踝關節屈曲，足尖呈現伸直下壓狀態），以及抬起腳尖，使腳尖做出背屈動作。

10. 腳底不光只有前後弓形

扁平足的人沒有足弓，除了走路時容易感到疲累，腳也會感到疼痛。

足弓是指拇指根部到腳跟之間的弓形，其作用就像彈簧一樣，可以舒緩走

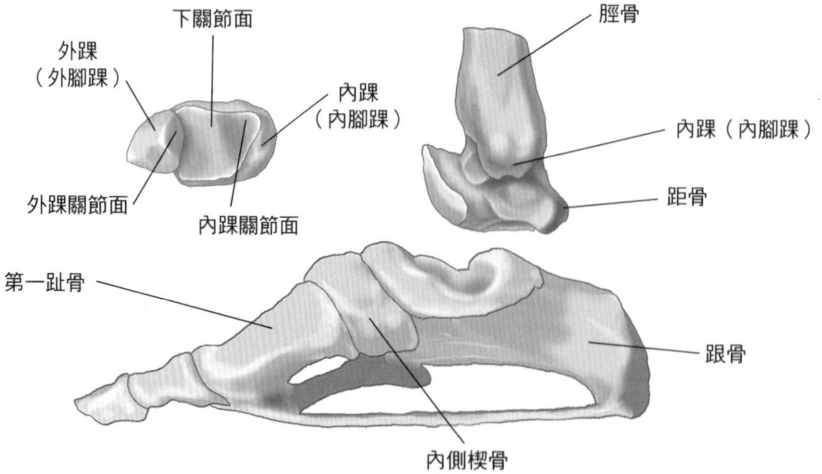

圖5-17　腳關節又稱為踝關節

腳踝的關節稱為腳關節，是小腿骨和跟骨上面的距骨之間的關節，又稱為踝關節。

路對身體所造成的衝擊。

如果仔細觀察腳底就會發現，除了位於內側的縱弓之外，外側小指根部到腳跟之間也有縱弓。外側縱弓和內側縱弓相比，弓的弧度較低、長度較短。另外，在內側縱弓和外側縱弓之間，也就是拇指根部和小指根部之間，也有橫弓形成（見圖5-18）。

這些足弓在出生時尚未完全形成，而是隨著成長，在身高增加的同時，於三至五歲時期才完全形成。

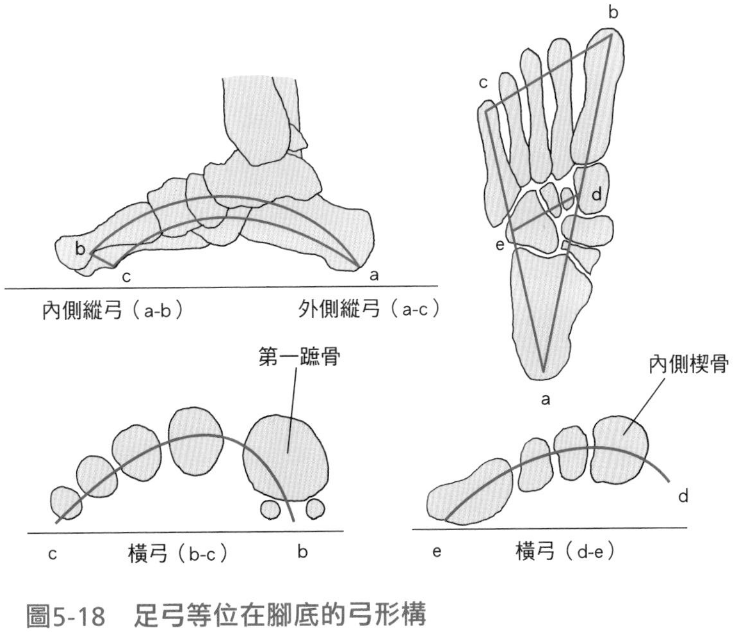

圖5-18　足弓等位在腳底的弓形構

足弓是位在腳底內側的縱弓，但除此之外，腳底的外側也有縱弓，同時內外的縱弓之間還有橫弓。

第六章
一張圖，秒懂人體十種系統

1 細胞→器官→系統

地球上所有生物都是藉由細胞來塑造出形體，而人類由六十兆個左右的細胞構成。細胞的形狀基本是球形，也有圓盤狀、立方形、圓柱狀、星形等。例如肌細胞呈現細長的纖維狀，被稱為肌纖維。此外，細胞大小也有不同，大部分的尺寸都介於十至三十微米之間，其中也有五微米（約〇・〇〇五公釐）的小淋巴球，乃至兩百微米（〇・二公釐）的卵細胞。

當相同形狀和作用的同類細胞聚在一起，並執行特定功能時，就稱為組織，例如上皮組織、結締組織、肌組織、神經組織等。而這幾個組織聚集後，再形成特定的形狀來執行某些功能，稱為器官。收納在身體內部的器官（臟）則稱為臟器或內臟。

心臟、肝臟、腎臟等內臟、器官各自具備不同的功能。例如，心臟具幫浦作用負責血液循環，但單靠心臟無法把血液運送到身體各處。心臟連接血管，分別有流入血液的靜脈和擠出血液的動脈。心臟、動脈、靜脈聚集在一起，形成血液循環的器官系統——循環系統。

以相同目的之器官所組成的系統稱為器官系統，而人體就是由循環系統等十種器官系統構成。

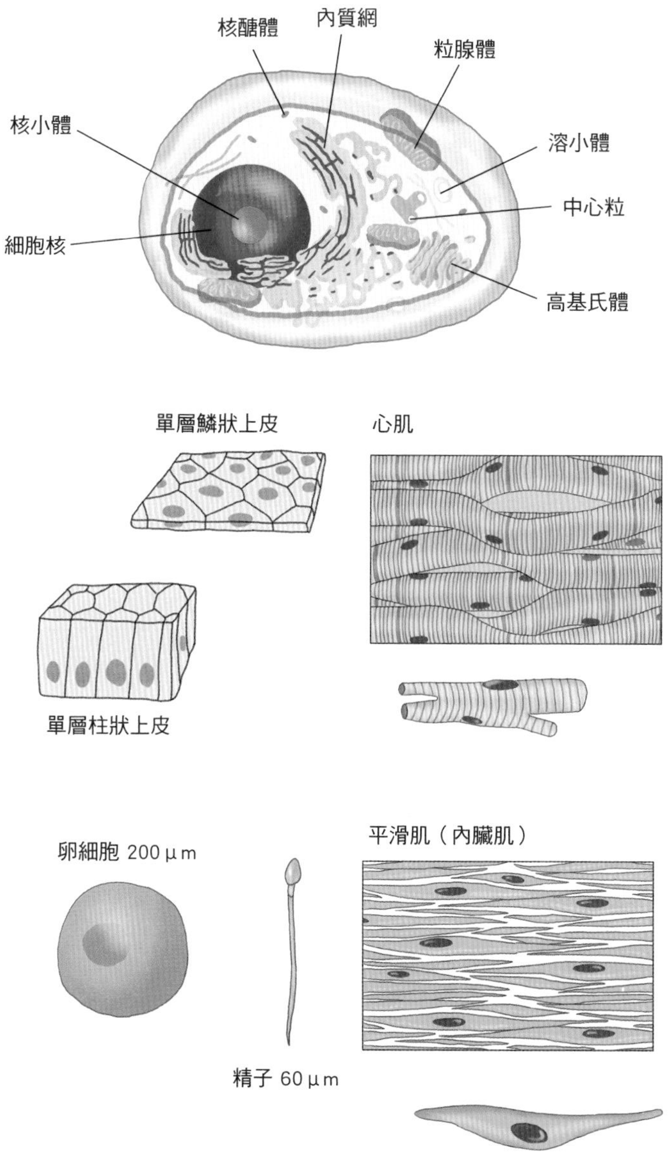

圖6-1　各種形狀的細胞，同類細胞聚在一起就形成組織

2 骨骼系統：橈骨尺骨恥骨髖骨，別等看醫生才搞清楚

人類利用骨幹來支撐身體，肋骨則是包圍胸腔、收納並保護心臟和肺部的骨骼，如果排除掉相關的部分，人類全身約有兩百個骨骼。

其他相連接的部分，可以分成接縫（關節）會不會活動兩種，可活動的接縫部位稱為關節，如連接下頜的頜關節、連接肩膀的肩關節、位於手肘、膝蓋和腿根部的肘關節、膝關節、髖關節等。

頭骨收納並保護腦部，如果依照不會動的接縫來劃分，頭骨由六種共八個骨頭構成，分別是額骨、顱頂骨、枕骨、顳骨、蝶骨、篩骨；另一方面，臉部的骨骼由鼻骨、顴骨、上頜骨、下頜骨等九種共十五個骨頭構成。

骨幹分成五個部位，由七個頸椎、十二個胸椎、五個腰椎、一個骶骨和一個尾骨構成，各椎骨之間隔著椎間盤，共疊了二十六個。

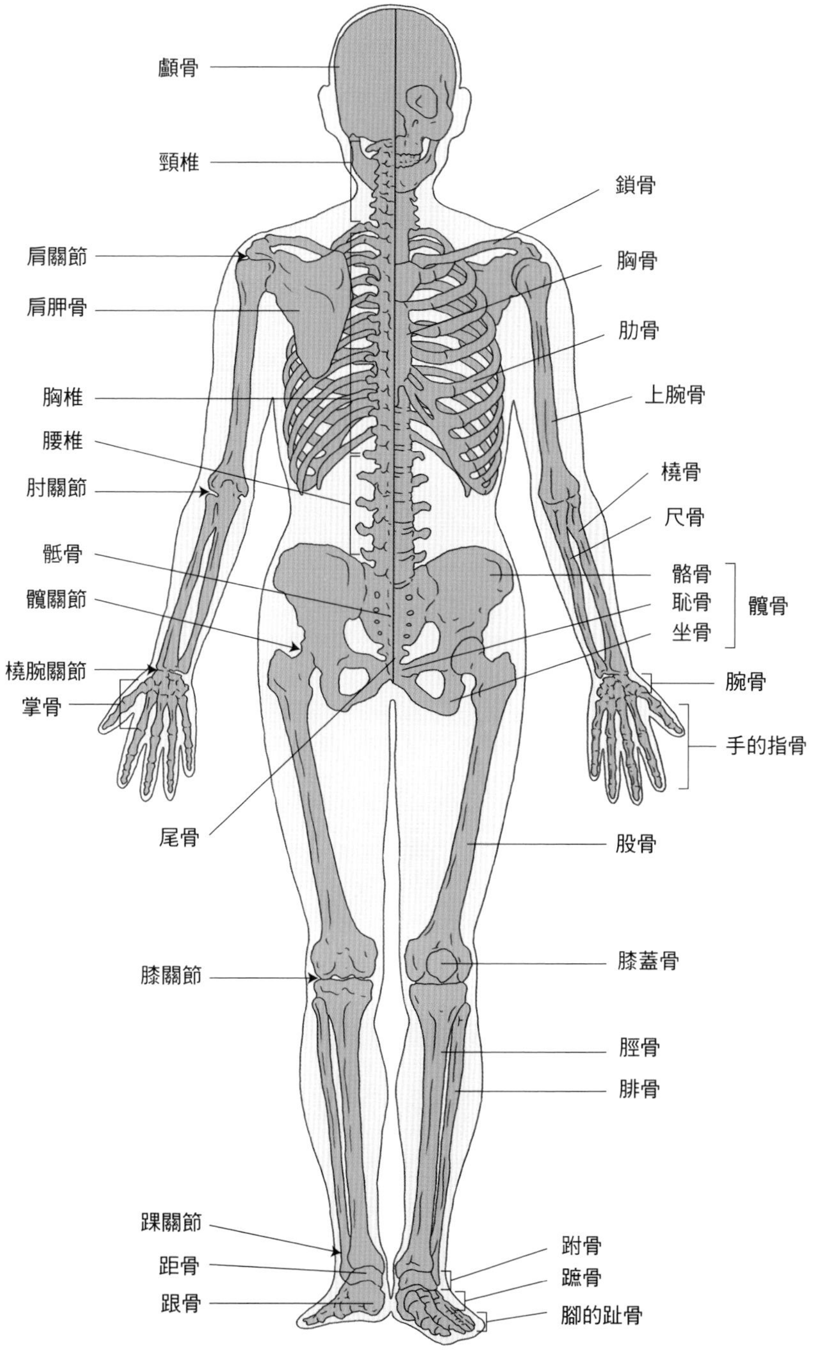

圖6-2 骨骼分布位置，人的全身約有 200 個骨骼

構成上肢的骨骼，按照順序分別是嵌入體內的鎖骨和肩胛骨，接著是利用肩關節連接的肱骨、前臂，最後是拇指端的橈骨和小指端的尺骨。手腕前端的手骨，單邊由八個腕骨、五個掌骨、十四個指骨，共二十七個骨頭構成。

構成下肢的骨骼包括承載骨盆單邊的髖骨、利用髖關節連接的股骨、小腿內帶有內腳踝的脛骨和帶有外腳踝的腓骨，以及形成膝蓋外蓋的膝蓋骨。腳踝前方的腳骨，由形成後腳跟的跟骨等七個跗骨、五個蹠骨和十四個趾骨構成。數量比手骨少一個，共有二十六個骨頭。

3 練肌肉，先讀熟肌肉系統

骨骼肌附著在骨頭上，可以藉由收縮方式，使身體彎曲、伸展關節或移動。骨骼肌在隔著關節的不同骨頭上形成肌腱，並附著於骨頭。只要收縮肌纖維的肌束部分，拉緊肌鍵，就可以讓肌腱附著的骨頭靠攏，使關節彎曲或伸展。

肌肉的名稱使用了該肌肉所在的胸部、大腿等部位、屈伸功能，以及肌纖維的走向（如筆直、傾斜、環狀等），或是二頭、三頭等肌頭的數量來加以表現。

眼皮或嘴唇緊閉，分別由眼輪匝肌和口輪匝肌負責執行。

肩關節部分，三角肌覆蓋在肩膀上，能使手臂離開身體，呈現水平高舉狀態；胸大肌（位於胸部）和闊背肌（背部）則讓手臂拉往身體，並夾緊腋下；彎曲手肘的肌肉是肱二頭肌；伸展手肘的則是位於上臂後面的肱三頭肌。

做出鞠躬動作的腹肌運動，由腹直肌負責。

髂腰肌（屬於深層肌肉）負責抬起大腿、彎曲髖關節；伸展髖關節的肌肉則是位於臀部的臀大肌。直立且雙腳步行的人類是伸展髖關節的動物，所以臀大肌較為發達，臀部隆起較為顯著。

伸展膝蓋的是位於大腿前面的股四頭肌，負責彎曲的則是後面的腿後肌（股二頭肌、半腱肌、半膜肌）。活動腳踝時，由脛前肌負責抬起腳尖的背屈動作；抬起腳後跟，讓腳尖做出蹠屈動作的是小腿肚的肌肉，小腿三頭肌以阿基里斯腱附著於跟骨。

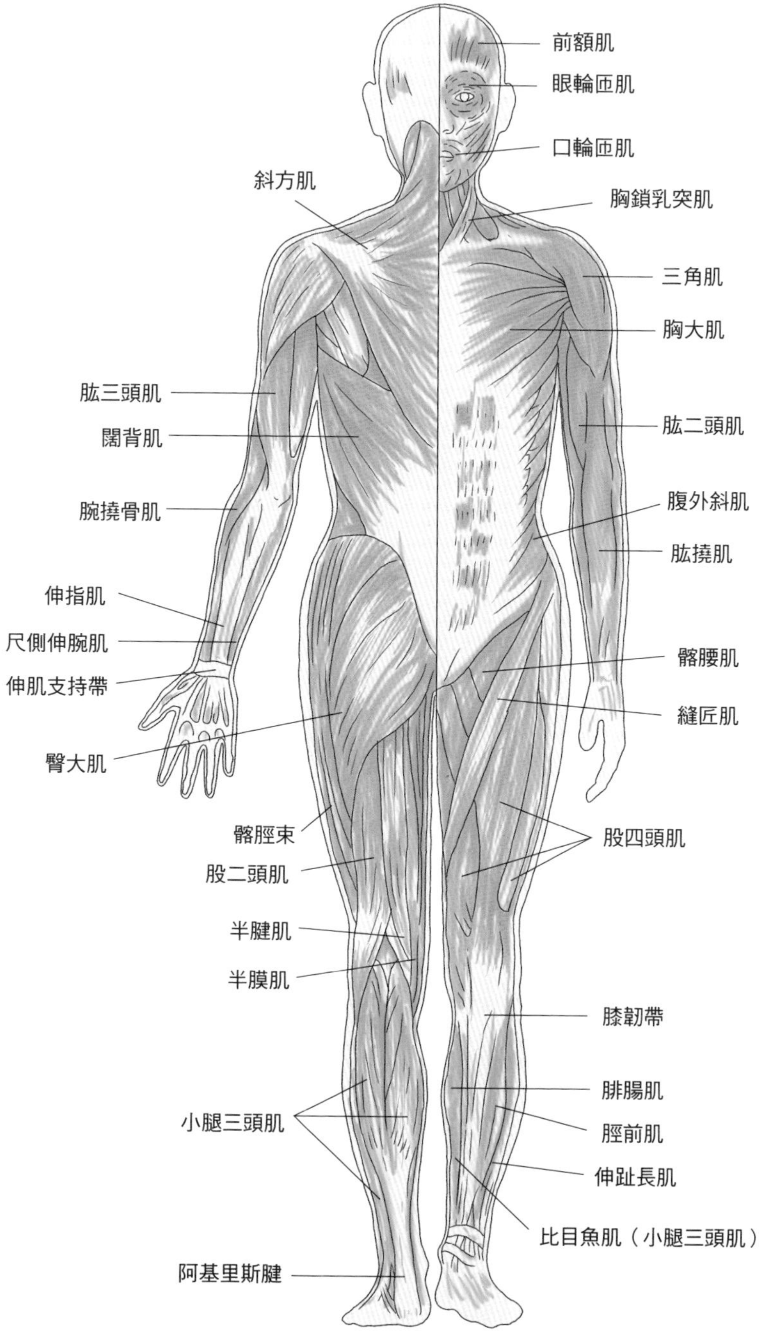
前額肌
眼輪匝肌
口輪匝肌
斜方肌
胸鎖乳突肌
三角肌
胸大肌
肱三頭肌
闊背肌
肱二頭肌
腕撓骨肌
腹外斜肌
肱撓肌
伸指肌
尺側伸腕肌
髂腰肌
伸肌支持帶
縫匠肌
臀大肌
髂脛束
股四頭肌
股二頭肌
半腱肌
半膜肌
膝韌帶
腓腸肌
小腿三頭肌
脛前肌
伸趾長肌
比目魚肌（小腿三頭肌）
阿基里斯腱

圖6-3　肌肉分布位置

4 循環系統：別忘了淋巴循環

血液和淋巴液負責運送身體所需的氧氣和營養素，以及不需要的二氧化碳和排泄物等物質，而讓血液和淋巴液，產生循環作用的心臟、動脈和靜脈等血管的集結體，便是循環系統。

氧氣和二氧化碳在肺部進行體內外的交換，所以必須有一條循環路徑，經過具有幫浦作用的心臟和肺部，依順序是心臟（右心室）、動脈（肺動脈）、肺、靜脈（肺靜脈）、心臟（左心房），這條路徑稱為肺循環。

血液和淋巴液把運送到左心房的氧氣，以及消化道所吸收的營養素運送到全身；同時把代謝生成的二氧化碳，及不需要的物質送回的路徑，是心臟（左心室）、動脈（大動脈）、全身各器官、靜脈（大靜脈）、心臟（右心房），該路徑稱為體循環。

血液含有氧氣和營養素、二氧化碳和排泄物，為了在各器官、組織、細胞之間交換這些物質，體內遍布的動脈進一步被分枝成小動脈、微血管。血液會滲透至直徑五至二十微米的微血管薄壁，以交換物質。微血管聚集後形成小靜脈，小靜脈匯集後，分別經

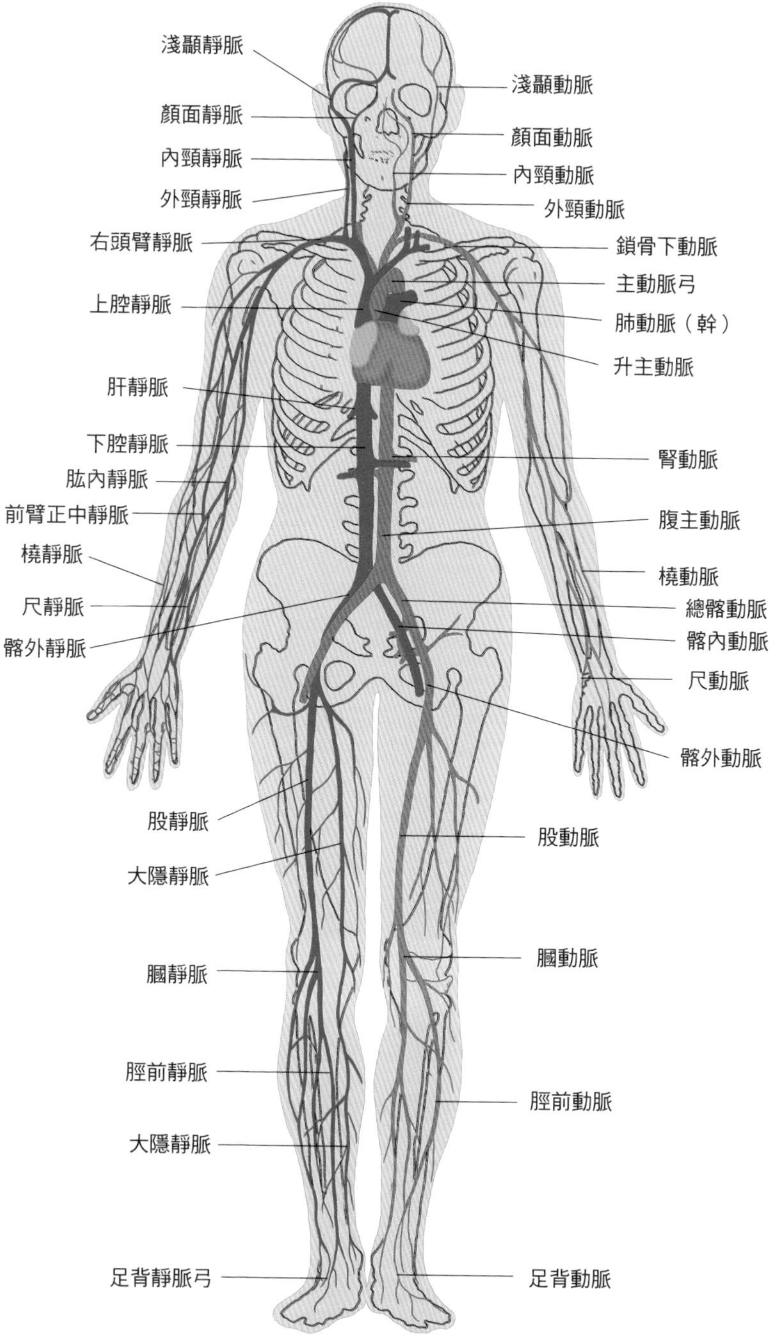

圖6-4　血管分布位置，心臟、動脈和靜脈等血管集結體，就是循環系統

由來自上半身的上腔靜脈，和下半身的下腔靜脈，再通往右心房。

另一方面，運送從左心室流出的血液的大動脈只有一條，大動脈從左心室向上行（升主動脈），U形迴轉後（主動脈弓），在胸腔內往下行（胸主動脈），貫穿橫膈膜後，在腹腔內向下行（腹主動脈），之後分成二路，成為通往左右下肢的總髂動脈。來自主動脈弓、胸主動脈、腹主動脈的動脈，分別分枝成通往各器官的總頸動脈、鎖骨下動脈、食道動脈、腹腔動脈等。

5 呼吸系統：肺靜脈帶的是氧氣，記住

呼吸分成外呼吸和內呼吸。外呼吸把空氣從體外吸進肺部，並且在血液之間交換氣體；內呼吸則是血管內的血液和組織細胞之間交換氣體。而呼吸系統是指用來進行外呼吸的器官系統。

呼吸系統所含的器官，包含鼻子、支氣管、與空氣進出和發聲有關的氣道，以及空氣在血液之間交換氣體的場所，也就是肺部。

空氣進入體內的入口是鼻子，鼻子內部稱為鼻腔。體外的空氣混雜著灰塵、細菌等各種不同的異物，所以最好在吸入空氣時就去除。而鼻腔內的鼻壁有黏膜覆蓋，能使異物附著。另外，鼻黏膜也具有加溫、加濕的作用。

為了擴大黏膜面積，鼻腔內以鼻中隔分成左右，入口的鼻孔也有兩個。穿過分成兩路的鼻腔後，會變成一個通道，也就是咽頭。咽頭作為食物通道的消化道，在前端分成食道和喉頭。氣道從喉口連結喉頭，喉頭內有發聲器官（聲帶），之後通往氣管。從咽喉進入胸腔的氣管分枝成左右支氣管，分別進入左右的肺部。支氣管在肺內進一步被分枝

成葉支氣管、呼吸小氣管，最後形成肺泡，圍繞著肺泡的微血管內的血液，就在這裡進行氣體交換。

肺位在心臟的左右兩側，但因為心臟的位置略為偏左，所以左肺會比右肺小一些，肺葉數也不同，右肺有三葉，左肺則只有兩葉。進入左右肺部的支氣管的粗細和長度，也有左右差異，右支氣管的管徑比左支氣管粗，長度也比較短。

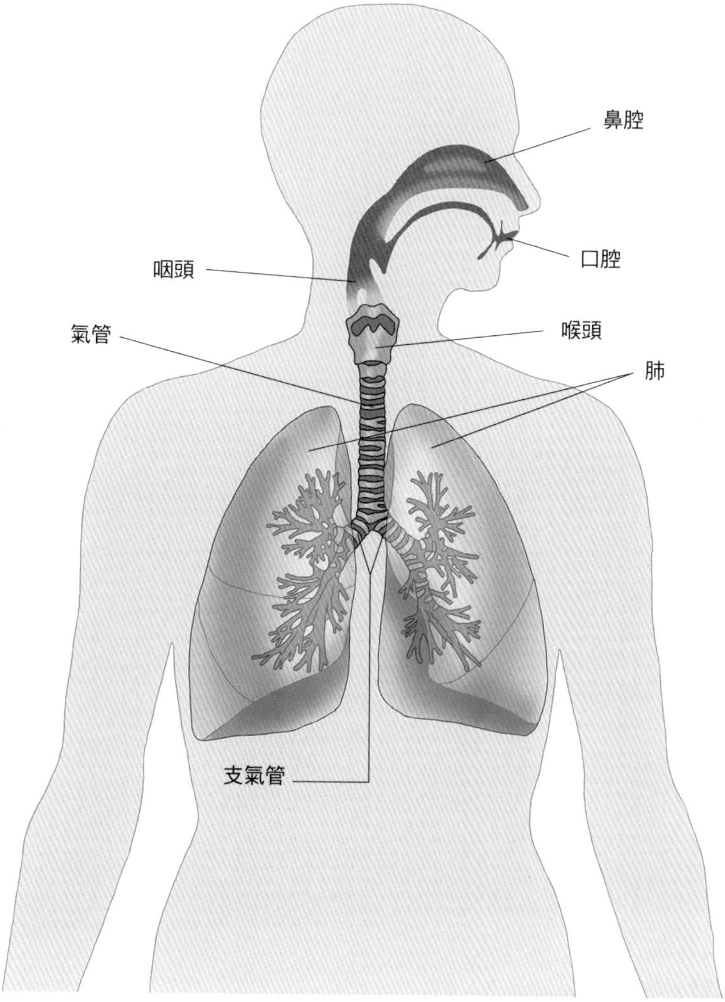

圖6-5 上圖為呼吸系統所含的器官

6 消化系統：十二指腸到肛門，記得住嗎？

人需要能量才能活動身體，並讓以腦部為首的各器官發揮作用才得以生存。另外，身體為了新陳代謝，人體在捨棄老舊細胞、製造新細胞時，需要製作新細胞用的材料。這些能量來源和材料，被稱為營養素和電解質，它們會以食物的型態被攝取進體內，再進一步消化、分解、吸收後加以利用。

消化、吸收食物，並且排出殘渣的器官集結體，稱為消化系統，由從嘴巴一路延伸至肛門的消化道，和分泌消化液的唾腺、肝臟、胰臟等器官構成。

首先是起始於嘴巴的消化道，口腔裡面有牙齒和舌頭，變得狹窄的口腔深處則連接著咽頭。咽頭是消化道和氣道共存的場所，從後方的最下面開始連接食道，往胸腔內下行，貫穿橫膈膜，進入腹腔來到胃部。

胃袋正如其名，呈現膨脹的囊袋狀，胃袋的出口是變細的幽門，通往腸道。腸道長

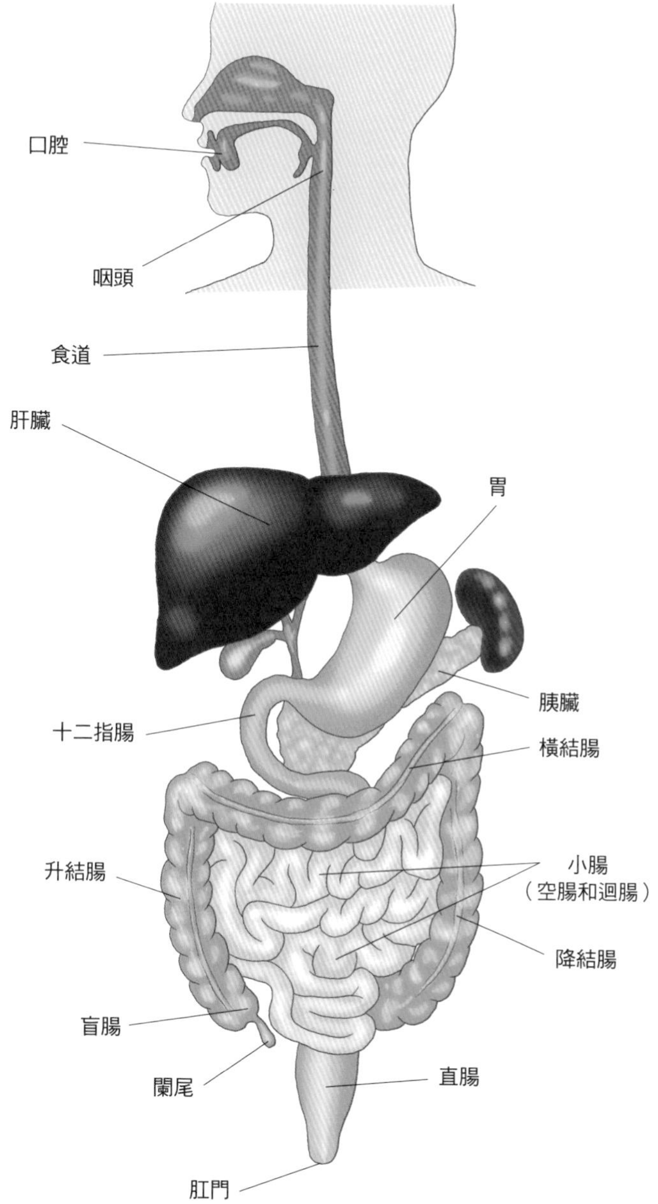

圖6-6　消化系統從嘴巴開始，一路延伸到肛門

達約八至九公尺，不過，前半段的小腸和抵達肛門的大腸有粗細差異。小腸依結構和功能分成十二指腸、空腸和迴腸等三個區域。大腸也被分成盲腸、結腸和直腸等三區域。另外，大腸的結腸又依走向分成升結腸、橫結腸、降結腸、乙狀結腸四個區域。直腸的最下端則是消化道的出口，也就是肛門。

就實質器官而言，位於口腔內外的唾腺，以及在胃部右邊，用來分泌膽汁的肝臟，也具備接收營養素並分解、合成的代謝功能。除此之外，還有分泌胰液和胰島素等激素的胰臟。

7 泌尿系統：男人總有聯想，女人更該注意

我們血液中所含的廢棄物質（尿素、尿酸、肌酐酸、氯化鈉、氨等），會連同水一起在腎臟抽出，並以尿液的型態排泄到體外。

腎臟裡面有輸入血液的腎動脈，和輸出血液的腎靜脈。另外，還有把尿液從腎臟內運出的輸尿管。從左右腎臟連接出來的輸尿管與輸尿管口相連，將尿液蓄積在袋狀的膀胱內。

膀胱內蓄滿尿液時，人會感受到尿意，且膀胱的尿道出口，也就是內尿道口的內尿道括約肌會鬆弛，於是尿液從膀胱流進尿道。

內尿道口延伸到通往體外的出口，即尿道外口，此外，尿道長度也有男女差異。男性的尿道在陰莖內，尿道外口開口於陰莖的前端，所以尿道長度達十六至十八公分。可是，女性的尿道下行至陰道的前方，尿道外口開口於陰道前庭，所以尿道長度較短，僅

有三至四公分。因此，女性比較容易引起膀胱炎等泌尿道感染疾病。

腎動脈從腎門進入腎臟內，分枝之後形成入球小動脈，通往腎臟外側的腎皮質，接著進入鮑氏囊，成為腎小球。由腎小球構成的鮑氏囊，每日約可製造一百五十公升的原尿。腎小球形成出球小動脈後離開鮑氏囊，會以微血管形式圍繞在腎小管的周圍。在通過腎小管內部的原尿中，水和葡萄糖等約九九％的原尿，會再次被吸收進微血管內的血液內，每天產生約一至一・五公升的尿液。

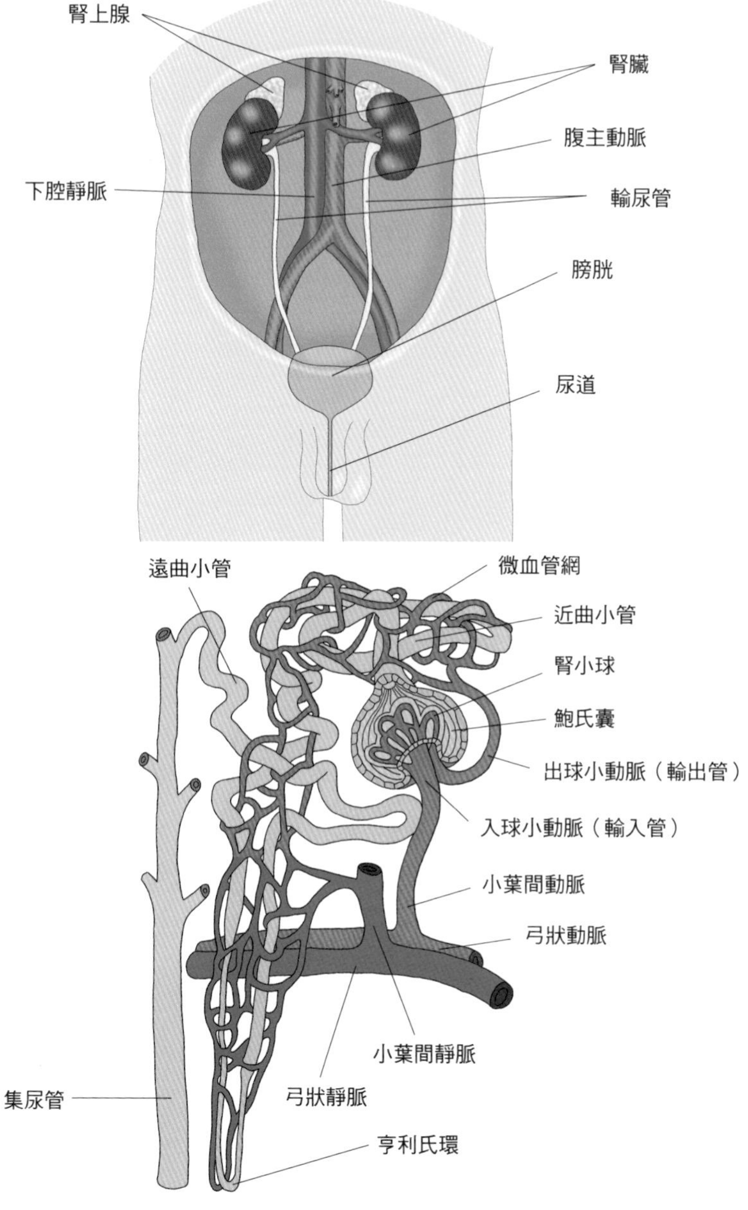
腎上腺
腎臟
腹主動脈
下腔靜脈
輸尿管
膀胱
尿道
遠曲小管
微血管網
近曲小管
腎小球
鮑氏囊
出球小動脈（輸出管）
入球小動脈（輸入管）
小葉間動脈
弓狀動脈
小葉間靜脈
弓狀靜脈
集尿管
亨利氏環

圖6-7　泌尿系統的結構

8 生殖系統：呃……你一定很有興趣

較大的細胞當中有兩百微米的卵細胞（卵子）。人類屬於有性生殖，所以，卵子若沒有精子受精，就無法產生新的生命。

卵巢製造卵子，睪丸生成精子。女性的生殖器由卵巢、輸卵管、子宮和陰道構成，這些器官收納在骨盆裡面（骨盆腔）。卵巢裡面有包覆著卵子的濾泡，每個月會有一個成熟濾泡被排出（排卵）。輸卵管是從子宮上方往左右連接的管子，開口於腹腔內，形狀像喇叭，因此也稱喇叭管。子宮的內腔和陰道的內腔相通，陰道口在陰道前庭、開口於尿道外口的後方。左右小陰唇圍起的部分稱為陰道前庭。小陰唇圍起的位置到肛門之間，有富含皮下脂肪的皺襞，稱為大陰唇。

男性的生殖器由睪丸、輸精管和攝護腺等器官構成。睪丸並沒有收納在骨盆腔內，而是位在大腿之間、由鬆弛皮膚所構成的囊袋（陰囊）裡。比體溫低攝氏三度的環境，比較適合精子產生和生存，所以睪丸內的曲細精管製造的精子，會通往連接該管子的輸精管內。

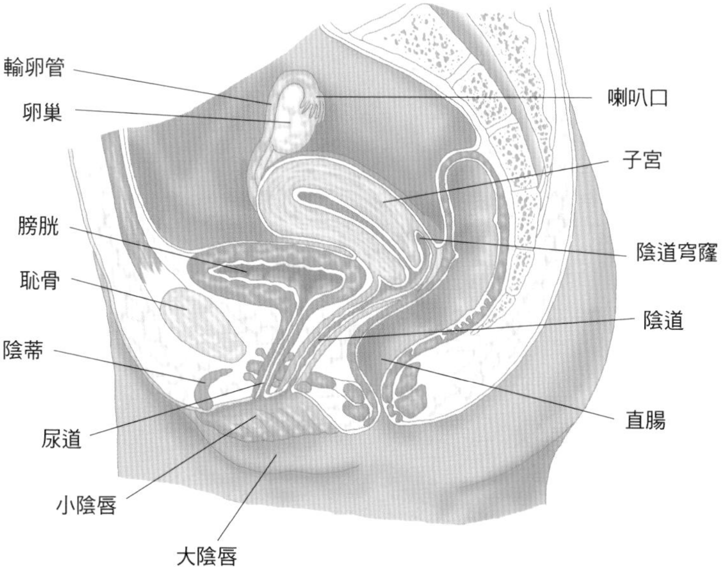

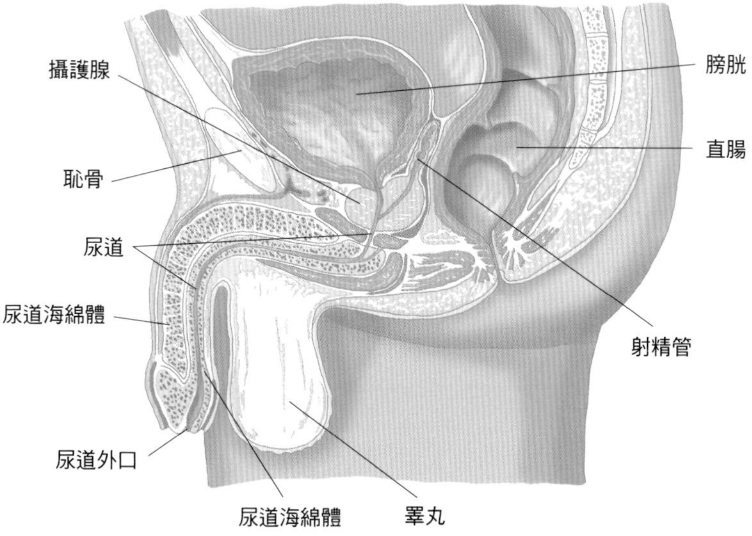

圖6-8 上圖為女性的生殖系統結構，下圖則為男性的生殖系統結構

輸精管在大腿根部進入腹腔，成為更細的射精管，再進入位在膀胱下端、包圍著尿道的攝護腺內，開口於尿道。尿道貫穿攝護腺，進入陰莖內部，就是精子的通道。

陰莖是從膀胱輸出尿液的泌尿系統，同時也是運送精子的生殖系統。當陰莖勃起後，也是具有性器官功能的生殖器官。

9 內分泌系統：不然你以爲內分泌科醫生看什麼

當生物體內、外的環境不斷改變時，他們會依照變化來調節神經和激素，讓身體適應環境。舉例來說，氣溫上升、天氣變熱時，人會流汗來冷卻悶熱的身體；或是吃飯之後，吸收的葡萄糖會溶入血液，提高血糖值。這時，消化道系統中的胰臟會分泌出胰島素，把葡萄糖帶入肝臟等部位，藉此降低血糖值。

分泌激素的器官稱為內分泌腺。雖然同樣是分泌腺，不過，像唾腺透過導管、把唾液分泌到口腔內的器官，則屬於外分泌腺。內分泌腺會從血液裡採集原料，在細胞內合成激素，然後直接釋放到血管內。

頭部的內分泌腺，有從下視丘（為間腦的一部分）懸垂的下垂體、屬於上視丘的松果體。下垂體會分泌促進骨骼及肌肉成長的生長激素、增進乳汁分泌的泌乳激素，以及減少尿量的升壓素（抗利尿激素）等激素。松果體會分泌褪黑激素以調節生理時鐘。

頸部的內分泌腺有甲狀腺和副甲狀腺，前者位於喉頭（甲狀軟骨）下方，後者位在甲狀腺背面。

腹部的內分泌腺有位在腎臟上面的腎上腺，會分泌腎上腺皮質激素和腎上腺髓質激素。另外，胰臟的胰小島（蘭氏小島）、睪丸、卵巢也是會分泌激素的內分泌腺。

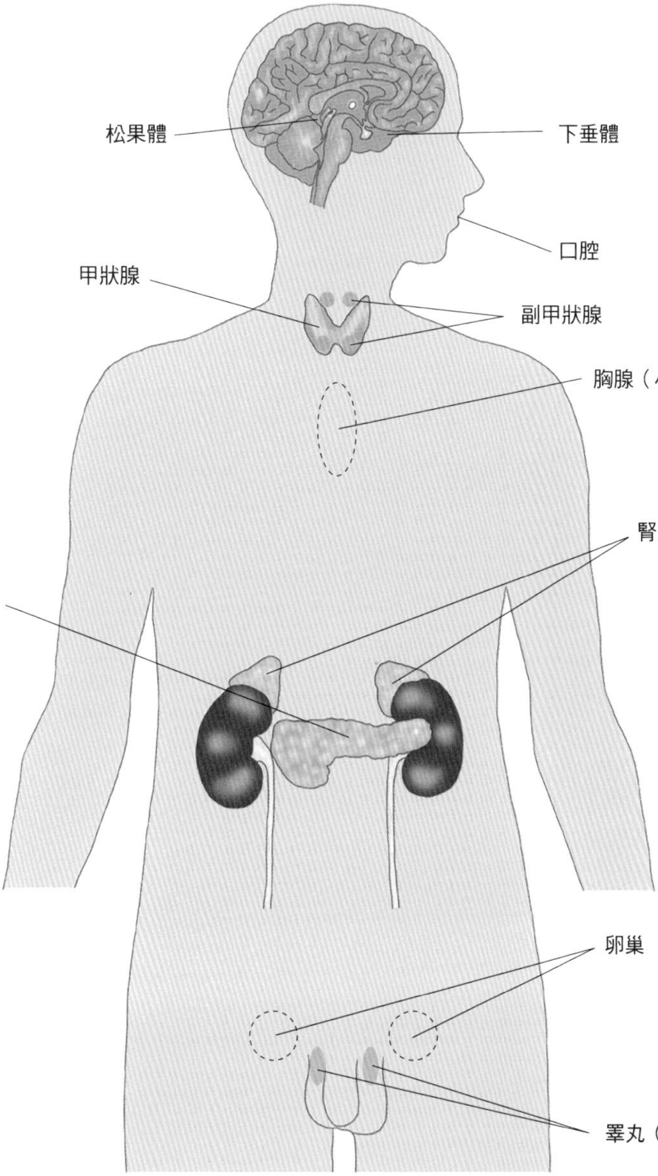

圖6-9　分泌激素的器官分布位置

10 神經系統

前一章節曾提到，身體由神經和激素來進行調節，眼睛會把看到的內容傳給大腦，然後進一步記憶下來。這種傳達任務是由神經負責執行。舉例來說，書讀完某頁，就會想翻到下一頁繼續閱讀。因為已經讀完，腦部才會產生進入下一頁的念頭，並發送指令給手部肌肉，接著做出翻頁的動作。透過脊髓，從腦部把指令資訊傳遞給手部肌肉的，也是神經。

腦部和脊髓就像資訊處理系統，會分析並解讀獲取的資訊，並且傳送出相對應的指令，因此被稱作中樞神經。

把眼睛、耳朵或皮膚等感覺器官接收到的資訊，傳達給中樞神經的傳導神經，稱為末梢神經。從身體各部位把資訊傳達給中樞神經的末梢神經，又稱為傳入神經或感覺神經；從中樞神經把指令傳達到身體各部位的末梢神經，稱為傳出神經，分別有把指令傳達給肌肉的運動神經，以及把指令傳達給分泌腺的分泌神經。另外，腦部和脊髓都有中樞神經，分成把指令直接傳遞給腦部的腦神經，以及直接傳遞給脊髓的脊神經。

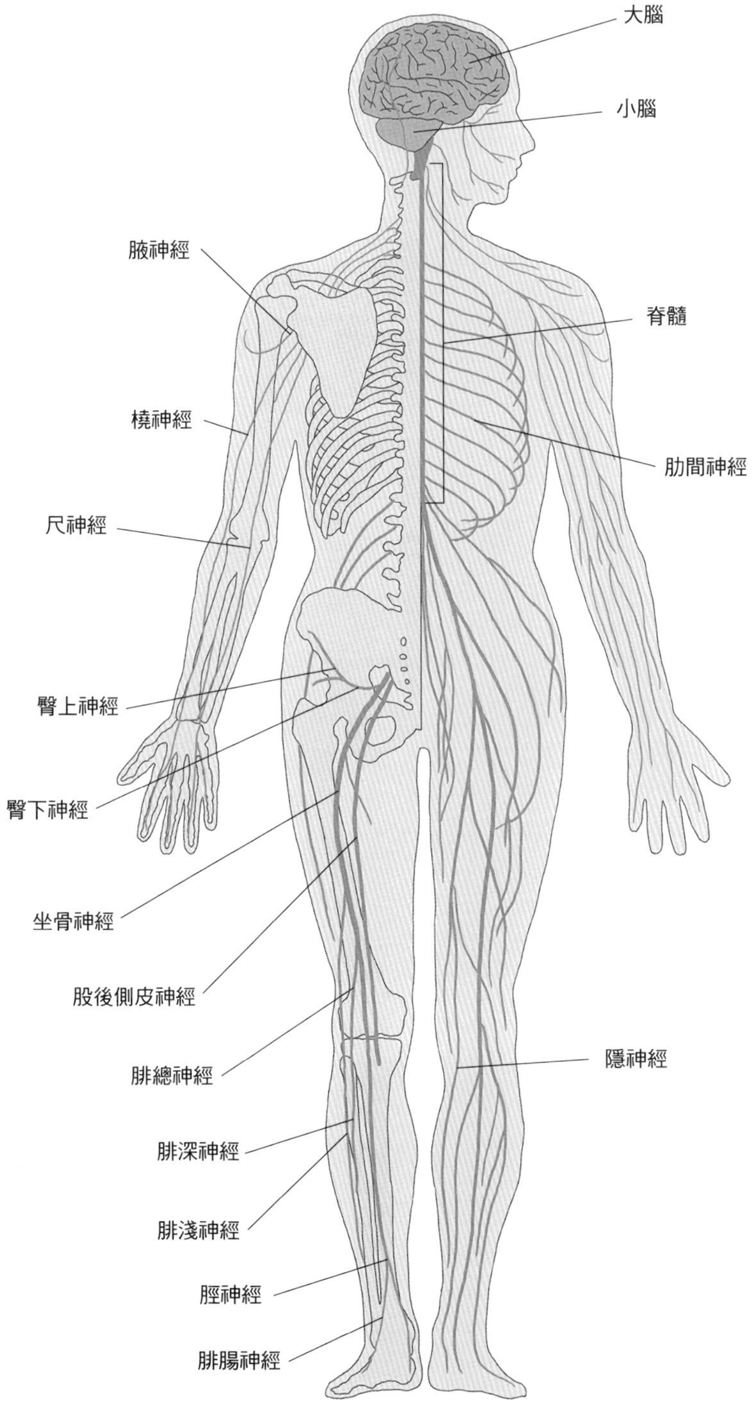

圖6-10　神經系統分布位置

此外，除了有意識的活動手腳肌肉之外，內臟或血管有時也會下意識依照條件做出反射動作，這些連接中樞神經和非隨意器官的末梢神經，稱為自律神經。

11 感覺系統：眼球、耳朵與皮膚手繪解剖圖

看、聽之類的感覺是人類為了生存，而從身體內外所獲取的資訊。獲取資訊（感覺）的器官就稱為感覺器官。

感覺的種類有很多種，可依感覺器官的存在部位分成三個區域：第一個是由位在頭部的感覺器官感測的特殊感覺（嗅覺、視覺、聽覺、平衡感覺、味覺）；第二種是由全身皮膚感受到的感覺（觸覺、壓覺、冷覺、溫覺、痛覺），以及軀體感覺，由肌肉或肌腱等感測的深層感覺（位置感覺、運動感覺、深層痛覺）構成；最後一種則是感測內臟作用及狀態的內臟感覺（內臟感覺和內臟痛覺）。

感測視覺的視覺器官由眼球和副眼器構成。眼球由角膜、鞏膜、脈絡膜、視網膜等眼球壁，以及水晶體、玻璃體、睫狀體、虹膜等構成。副眼器則有上下眼皮（眼瞼）、結膜、淚腺、鼻淚管、眼肌等器官。

耳朵是感測聽覺及平衡的平衡聽覺器，分成外耳、中耳和內耳。外耳道的深處有作為中耳起點的鼓膜，內部形成鼓室，空氣會從這裡進入。而鼓室內的空氣會從咽頭經由耳咽管進出。

鼓室內，從鼓膜進行聲音傳導的聽小骨（鎚骨、砧骨、鐙骨），與內耳連接。內耳裡面有聽覺器的本體——耳蝸，以及負責平衡感覺的前庭、半規管。

皮膚是觸覺、壓覺、冷覺、溫覺、痛覺等的接受器，由表皮、真皮、皮下組織（結締組織和皮下脂肪）構成，真皮內則有梅斯納小體（觸覺）、環層小體（壓覺）等感覺接受器。

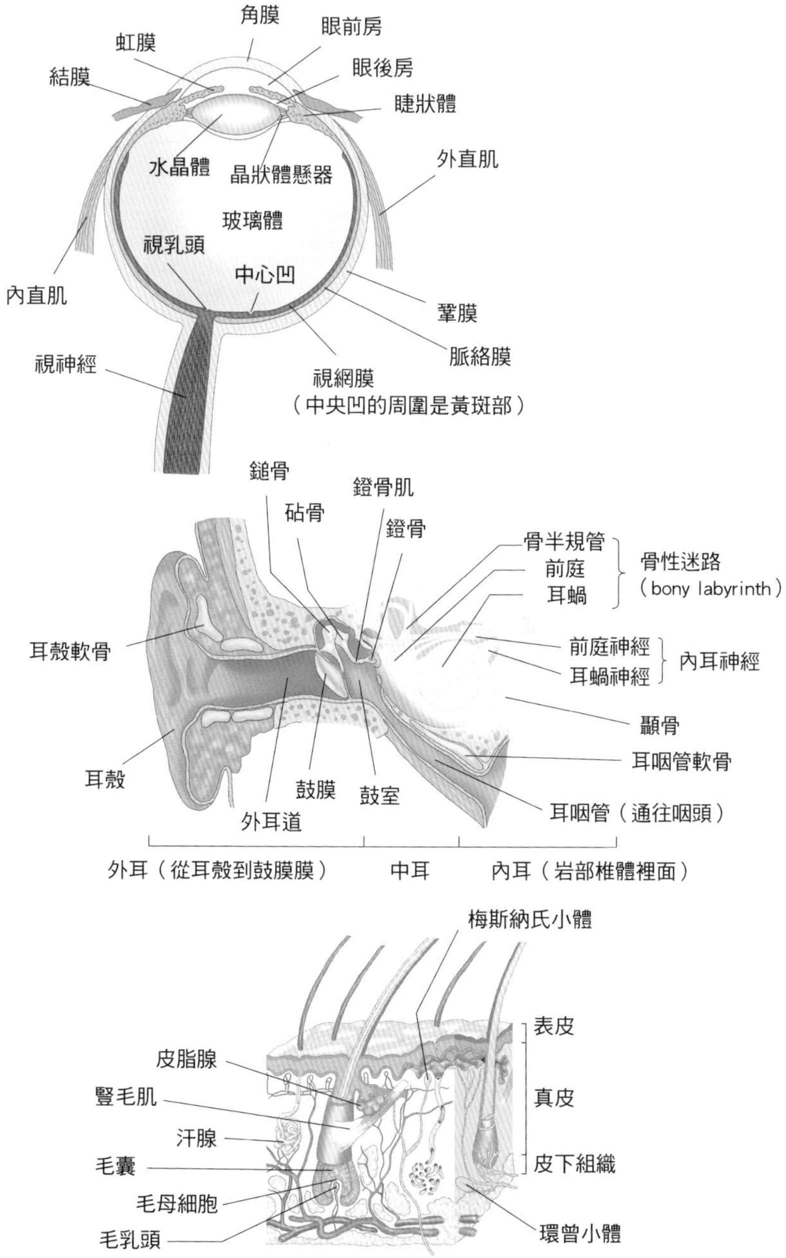

圖6-11　感覺器官的結構，上圖依序為眼、耳、皮膚

參考文獻

佛雷德利 ・H・ 馬提尼（Frederic H. Martini）、邁克爾 ・J・ 湯蒙斯（Michael J. Timmons）、邁克爾 ・P・ 麥金萊（Michael P. Mckinley）（2007），《全彩人體解剖學》（カラー人体解剖学），井上貴央監譯，西村書店。

Michael Schunke、Erik Schulte、Udo Schumacher（2008），《普羅米修斯解剖學阿特拉斯 頸部／胸部／腹部與骨盆部》（プロメテウス解剖学アトラス 頸部／胸部／腹部 ・ 骨盤部），坂井建雄、大谷修監譯，醫學書院。

Michael Schunke、Erik Schulte、Udo Schumacher（2009），《普羅米修斯解剖學阿特拉斯頭部／神經解剖》（プロメテウス解剖学アトラス頭部／神経解剖），坂井建雄、河田光博監譯，醫學書院。

Michael Schunke、Erik Schulte、Udo Schumacher（2011），《普羅米修斯解剖學阿特拉斯 解剖學總論／運動系統第 2 版》（プロメテウス解剖学アトラス 解剖学総論／運動器系第 2 版），坂井建雄、松村讓兒監譯，醫學書院。

金子丑之助（2000），《日本人體解剖學上卷修訂 19 版》（日本人体解剖学上巻改訂 19 版），金子勝治、 田真澄修訂，南山堂。

金子丑之助（2000），《日本人體解剖學下卷修訂 19 版》（日本人体解剖学上巻改訂 19 版），金子勝治、 田真澄修訂，南山堂。

竹內修二（2003），《愛上解剖學》（好きになる解剖学），講談社。

竹內修二（2005），《愛上解剖學 Part2》（好きになる解剖学 Part2），講談社。

竹內修二 監修（2007），《五感的不可思議繪圖解百科——透過玩樂輕鬆學 理解

感覺與腦部的機制》（五感の不思議絵事典——あそびをつうじて楽しく学ぶ感覚と脳のメカニズムがわかる），PHP 研究所。

竹內修二（2008），《人體的構造與機能奧祕》（図解でわかるからだの仕組みと働きの謎），SB Creative。

竹內修二（2012），《解剖訓練筆記第 5 版》（解剖トレーニングノート第 5 版），醫學教育出版社。

竹內修二 監修（2012），《搞懂人體的書》（人体のすべてがわかる本），Natsume 社。

竹內修二（2014），《一看就懂的解剖生理學》（読んでわかる解剖生理学），醫學教育出版社。

竹內修二（2015），《人體內的「洞」》（人のからだにある「あな」），Natsume 社。

國家圖書館出版品預行編目（CIP）資料

看得見的人體結構：你吃喝拉撒睡走跑跳時，
96個身體器官如何運作？讓你一看就懂，
從此好好愛自己。 /
竹內修二 著；羅淑慧 譯 --
初版． - 臺北市：大是文化，2018. 05
256 面 ； 17x23 公分 ； -- （EASY：60）
譯自：カラダを大切にしたくなる人体図鑑
知っておきたい96のしくみとはたらき
ISBN：978-957-9164-29-0（平裝）
1. 人體解剖學 2.人體學
394 107004624

Easy 060

看得見的人體結構

你吃喝拉撒睡走跑跳時，96 個身體器官如何運作？讓你一看就懂，從此好好愛自己。

作　　者／竹內修二
譯　　者／羅淑慧
責任編輯／陳竑惪、廖恆煒
校對編輯／蕭麗娟
主　　編／賀鈺婷
副總編輯／顏惠君
總 編 輯／吳依瑋
發 行 人／徐仲秋
會　　計／林妙燕
版權主任／林螢瑄
版權經理／郝麗珍
行銷企畫／汪家緯
業務助理／馬絮盈、林芝縈
業務經理／林裕安
總 經 理／陳絜吾

出 版 者／大是文化有限公司
臺北市 100 衡陽路 7 號 8 樓
編輯部電話：（02）23757911
購書相關資訊請洽：（02）23757911 分機 122
24 小時讀者服務傳真：（02）23756999
讀者服務 E-mail：haom@ms28.hinet.net
郵政劃撥帳號 19983366　戶名／大是文化有限公司

香港發行／里人文化事業有限公司“Anyone Cultural Enterprise Ltd”
地址：香港新界荃灣橫龍街 78 號正好工業大廈 22 樓 A 室
22/F Block A, Jing Ho Industrial Building, 78 Wang Lung Street, Tsuen Wan, N.T., H.K.
電話：852-24192288 傳真：852-24191887
讀者服務 E-mail：anyone@Biznetvigator.com

封面設計、內頁排版／孫永芳
印　　刷／緯峰印刷股份有限公司
出版日期／2018 年 5 月 2 日
定　　價／新臺幣 380 元（缺頁或裝訂錯誤的書，請寄回更換）
I S B N／978-957-9164-29-0（平裝）

KARADA WO TAISETSU NI SHITAKU NARU JINTAI ZUKAN

Original Japanese edition published in japan in 2016 by SB Creative Corp.
Traditional Chinese translation rights arranged with SB Creative Corp. through Keio Cultural Enterprise Co., Ltd.